变电站自动化
系统维护风险分析及控制

李邦源　主编

中国水利水电出版社
www.waterpub.com.cn
·北京·

内 容 提 要

本书以地区电网变电站自动化系统设备维护工作为研究对象，分析评估工作中可能遇到的各类风险，结合对相关法规、制度、技术标准的理解和思考，总结提炼了各类风险的控制措施编制而成。全书分为五章，包括变电站自动化系统及运维基础知识，变电站自动化系统设备风险评估与控制，变电站自动化系统网络安全风险评估与控制，变电站自动化系统运维作业风险评估与控制，变电站自动化系统设备及运维事件事故应急处置。

本书主要供地、县级电力企业变电站自动化系统运维人员和管理人员阅读，也可供相关人员参考。

图书在版编目（CIP）数据

变电站自动化系统维护风险分析及控制 / 李邦源主编. -- 北京 : 中国水利水电出版社, 2019.12
ISBN 978-7-5170-8325-2

Ⅰ. ①变… Ⅱ. ①李… Ⅲ. ①变电所－自动化系统－系统管理 Ⅳ. ①TM63

中国版本图书馆CIP数据核字(2020)第036796号

书　　名	**变电站自动化系统维护风险分析及控制** BIANDIANZHAN ZIDONGHUA XITONG WEIHU FENGXIAN FENXI JI KONGZHI
作　　者	李邦源　主编
出版发行	中国水利水电出版社 （北京市海淀区玉渊潭南路1号D座　100038） 网址：www. waterpub. com. cn E-mail：sales@waterpub. com. cn 电话：（010）68367658（营销中心）
经　　售	北京科水图书销售中心（零售） 电话：（010）88383994、63202643、68545874 全国各地新华书店和相关出版物销售网点
排　　版	中国水利水电出版社微机排版中心
印　　刷	北京瑞斯通印务发展有限公司
规　　格	184mm×260mm　16开本　9.5印张　161千字
版　　次	2019年12月第1版　2019年12月第1次印刷
印　　数	0001—1000册
定　　价	**60.00**元

《变电站自动化系统维护风险分析及控制》
编撰委员会

主　　编　李邦源

副 主 编　郭　伟　白建林　张碧华　潘　蕊　张春辉　王　榕　陈　君

编　　委　常　荣　蒋　渊　李　波　潘再金　张志强　陈运忠　党军朋　白翠芝　杨　金　张弓帅　乔连留　赵　华　叶文华　杨永旭　马一杰　李毅杰　蒋雪梅　李青芸　徐　扬　毛忠彦

评审委员会

主任委员　郭　伟

审定委员　杨家全　叶　华　陈　飞　左智波　冯　勇　白建林　杨永旭　李邦源

前言

FOREWORD

变电站是电力系统中接受电能和分配电能的场所。变电站自动化系统是结合计算机、通信技术，优化变电站二次系统功能，实现对变电站能量转入、转出自动监视、控制、测量与协调的系统，是确保变电站各设备安全、优质、经济运行的基础。

变电站自动化系统可靠运行依赖于设备选型合理、产品质量过硬，更依赖于高质量的维护。高质量维护要求用较低的投入、达到较好的维护质量。为此，找准维护重点、对症下药，成为做好变电站自动化系统维护工作的先决条件。随着供电企业竞争压力的增大，传统依赖个人经验的维护方式，已无法适应高质量维护需求，以系统风险与控制理论为基础的维护方法成为发展方向。

变电站自动化系统维护风险及控制是从系统设备状态、重要度出发，分析设备维护层级，兼顾系统网络风险，以及维护工作可能出现的人身风险，概括出变电站自动化系统维护工作的投入方向和控制重点。通过制定、实施针对性的风险控制措施，以较小的维护成本提升系统运行可靠性。并就设备本身和维护中可能出现的事故、事件提出应急措施，从而系统地构建一套科学合理的变电站自动化系统维护方法。实际工作中，变电站自动化系统维护主要包括变电站运行人员的运行检查维护和变电站自动化系统专业维护人员的专业维护两方面工作，为区别两类工作差异，维护工作也时常被称为运维工作。

本书依据风险控制理论，对变电站自动化系统设备及维护工作中可能遇到的风险进行评估，结合工作实践提出控制措施，是一本实用的变电站自动化系统及维护培训教材。

在本书的编写过程中，得到了云南电网有限责任公司系统运行部、电力科学研究院、玉溪供电局各级领导的关怀和相关人员的大力支持与帮助，在此表示衷心感谢。

本书由云南电网有限责任公司玉溪供电局系统运行部组织编写。由于编者水平和能力有限，书中难免有错误和不妥之处，敬请读者和相关专业技术人员批评指正。

编者

2019年7月

目录

CONTENTS

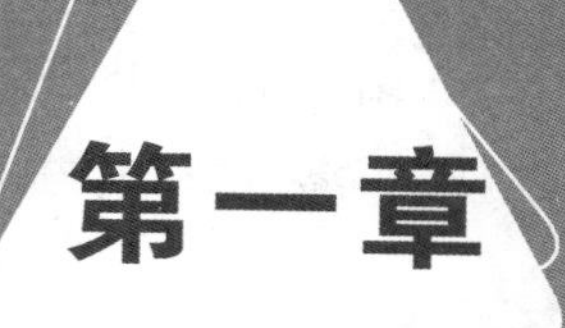

第一章 变电站自动化系统及运维基础知识

变电站是在电力系统中对电压进行变换、接受电能及分配电能的场所。变电站作为电力系统中的重要组成部分，与电力系统共同发展了100多年。

变电站内的电气设备分为一次设备和二次设备。一次设备是直接生产、输送、分配和使用电能的设备，主要包括变压器、断路器、隔离开关、母线、避雷器、电容器、电抗器等。二次设备是对一次设备和系统的运行工况进行测量、监视、控制和保护的设备，它主要包括保护装置、安全自动装置、计量装置、自动化系统以及为二次设备提供电源的直流设备。

随着电力供应量的不断增长，变电站数量不断增加，各级供电企业变电站运维人员配置已无法满足人工现场仪表监视、操作的传统变电站运作需求。为实现变电站的远程监视、控制，变电站开始出现远程测控终端（Remote Terminal Unit，RTU），随着计算机技术、通信技术、自动化控制技术的发展，变电站自动化系统在电力行业中得到了广泛的应用。

第一节 变电站自动化系统的概况

变电站自动化系统是应用计算机和网络等技术将站内各种二次设备进行功能重新组合和优化，实现对变电站一次设备自动监视、测量、控制和协调的一种综合性自动化系统，是计算机、通信、自动化等技术在变电站的综合应用。它具有系统构成数字化、微机化、模块化，操作监视可视化，以及运行管理智能化等特征，可实现统一规划、功能综合、整体管理。

随着电网的发展，变电站自动化一直是电力行业中的热点之一。20多年来，我国变电站自动化系统在技术和数量上都有显著的发展。

一、变电站分类及变电站自动化系统结构

随着通信、计算机技术的发展，自动化技术逐步向数字化、智能化发

展。目前，除常规的综合自动化变电站外，还有数字化变电站和智能化变电站，各类变电站的自动化系统设备配置及层次结构不尽相同。各类变电站自动化系统基本结构如图 1－1 所示。

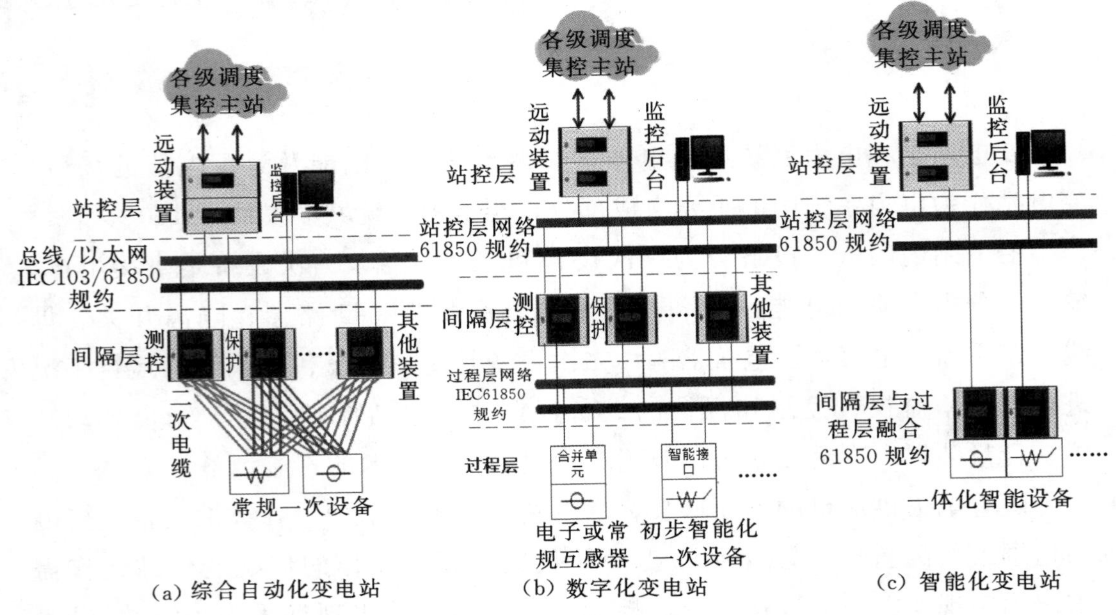

图 1－1 各类变电站自动化系统基本结构图

（一）综合自动化变电站

综合自动化变电站设备由常规一次设备和微机化二次设备构成，其自动化系统是第一代真正意义上的变电站自动化系统，也是目前技术最为成熟、应用最为广泛的变电站自动化系统。该系统由站控层和间隔层两层设备以及二次回路和站控层网络构成，站内通信采用传统的 IEC 60870－5－103 规约，少数新建或改造站使用 IEC 61850 规约，通信组网模式包括工业总线网和以太网两种。

变电站综合自动化系统根据其设备组屏方式的不同，可分为分布分散式结构和分布式集中组屏结构。

1. 分布分散式结构

变电站自动化系统按分布式设计，数据采集、控制、保护单元等间隔层设备就地分散部署在开关柜内或一次设备附近的继电保护小室内。间隔层与站控层设备通过网络方式进行互联，距离较远的还需采用光纤进行通信连接。该模式的就地部署方式减少了二次电缆的使用量，避免了电缆传递信息的电磁干扰，最大限度地压缩了间隔层设备的占地面积，是目前综合自动化变电站普遍采用的结构模式。

2. 分布式集中组屏结构

变电站自动化系统按分布式设计，数据采集、控制、保护单元等间隔层设备集中部署在主控制室。其优点是设计、安装与维护管理方便，间隔层设备运行环境较好；缺点是二次电缆用量大、间隔层设备占地面积较大。该模式适用于变电站一次设备比较集中、分布面小、控制室距离配电装置较近、所用电缆不多的情况。

（二）数字化变电站

数字化变电站设备由初步智能化的一次设备和网络化二次设备构成，新增了电子互感器、合并单元、智能终端、过程层交换机等过程层设备。站内通信采用 IEC 61850 规约。数字化变电站自动化系统由过程层、间隔层、站控层三个层次以及过程层网络和站控层网络组成“三层两网”，层与层之间相对独立。过程层网络和间隔层网络全部采用以太网和光纤传输方式。光纤取代常规变电站控制电缆，一次设备初步智能化。

（三）智能化变电站

智能化变电站设备由智能化一次设备和网络化二次设备构成，一次设备相关数据直接由智能化一次设备提供。智能化变电站具备数字变电站的“三层两网”层次结构，站内采用 IEC 61850 通信规约。智能化变电站面向智能电网的需求，更注重于运行与管理，更强调高级功能、集成应用和互动性。

（四）综合自动化变电站、数字化变电站、智能化变电站自动化系统结构比较

如图 1－1 所示，综合自动化变电站，与数字化变电站、智能化变电站自动化系统相比，未使用智能设备，少了过程层及其网络，整个结构属于“两层一网”结构。数字化变电站系统结构与智能化变电站相近，均为“三层两网”结构，不同之处主要是数字化变电站使用的一次设备属于普通一次设备与智能设备的过渡设备，普通一次设备通过增加合并单元，实现一次设

备的初步智能化。由图 1-1 可以看出，从综合自动化变电站到数字化变电站，再到智能化变电站，展现了变电站自动化系统不断发展、完善的过程。

二、变电站自动化系统的主要功能

（一）数据采集和处理

变电站自动化系统可满足就地、远方集控中心和各级调度中心对变电站的运行监视、控制需求，以及其他装置的运行数据采集和处理功能。

系统数据一般分为模拟量、开关量、电能量，系统通过间隔层设备实时采集模拟量、开关量等信息，对所采集的实时信息进行数字滤波、有效性检查以及工程值转换、信号接点抖动消除、刻度计算等加工，从而提供可应用的电流、电压、有功功率、无功功率、功率因数等各种电网运行的实时数据，并将这些实时数据的品质描述传送至站控层和远方集控中心和各级调度中心。

（二）监视、维护

变电站自动化系统可监视变电站内所有的一次、二次设备的运行状态。自动化系统设监控主机、操作员站以及维护工作站，监控主机是站控层数据收集、处理、存储及发送的中心，具有主处理器及服务器的功能；操作员站提供人机界面，可实现图形及报表显示、事件记录及报警状态显示和查询，操作控制命令的解释和下达，以及设备状态和参数查询等功能；维护工作站为维护人员提供人员权限、图形界面、数据库等管理和维护界面，完成系统的数据、图形维护功能。

（三）控制与操作

变电站自动化系统提供人工操作控制和自动调节控制功能。操作员可对需要控制的电气设备进行人工控制操作，也可在不影响手动控制功能的情况下，通过操作员站或远方控制中心设置进行程序化自动控制，并在站控层设备故障或其他紧急情况下提供手动操作功能。

变电站自动化系统能实现断路器的同期合闸功能，通过检测和比较断路器两侧 PT 二次电压的幅值、相角和频率，自动捕捉同期点，发出合闸命

令。同期功能在间隔层完成，站控层能对同期操作过程进行监测和控制。

（四）五防功能

变电站自动化系统可提供站控层五防、间隔层测控装置防误以及现场布线式电气闭锁的三层系统五防功能。站控层防误实现面向全站设备的综合操作闭锁功能；间隔层测控装置防误实现本单元所控制设备的操作闭锁功能；现场布线式电气闭锁实现对本间隔电动操作的隔离开关和接地开关的防误操作功能，任一层防误功能故障不应影响其他层正常防误功能的实现。

（五）电压无功自动调节

变电站自动化系统根据现场实际需要，可配置独立电压无功控制（Voltage Quality Control，VQC）装置、监控系统 VQC 功能、远方自动电压控制（Automatic Voltage Control，AVC）系统三种变电站电压无功的自动化调节功能。通常变电站自动化系统宜通过与监控系统配套的 VQC 软件来实现电压无功调节功能，远方调度或站内操作员可进行 VQC 功能投退、设置电压或无功目标值、自动控制无功补偿设备以及调节主变分接头等操作，实现电压无功自动控制。

（六）报警处理

变电站自动化系统应具有设备变位、状态异常信息、模拟量或温度量越限等预告报警，以及非正常操作引起的断路器跳闸和保护装置动作信号等事故报警功能。

（七）事件顺序记录及事故追忆

变电站自动化系统能提供变电站重要设备的状态变化事件顺序记录（Sequence of Event，SOE），记录内容包括：断路器、隔离开关、继电保护装置、安全自动装置、备自投装置、VQC 系统等动作和故障信号，以及一次设备操作机构各种监视信号。事件顺序记录报告所形成的任何信息都不可被修改，但可对多次事件中的某些记录信息进行选择、组合，以利于事后分析。

（八）统计计算

变电站自动化系统能按运行要求，对电流、电压、频率、功率、电量以及一次、二次设备的运行情况等进行统计、分析，包括停用时间、停运次数、动作情况、不平衡及合格率、平衡率、负荷率、损耗、安全运行天数累计等。存储的周期可按分、时、日、月、年来设定。

（九）同步对时功能

变电站自动化系统具备统一的时钟源信号，保证I/O数据采集单元的时间同步达到1ms的精度要求。当时钟失去同步时，应自动告警并记录事件。

（十）制表打印

变电站自动化系统能按运行要求提供值报表、日报表、月报表及年报表的显示、生成、编辑、打印等功能。事故时能打印报警记录、测量值越限记录、开关量变位记录、事件顺序记录、事故指导提示和事故追忆记录等，并能实现显示器画面硬拷贝功能。各报表数据能转换为Excel格式，方便二次应用。

（十一）远动功能

变电站自动化系统应具备向各级调度和集控中心发送遥测、遥信信息，以及接受遥控、遥调命令和召唤请求等的功能，远动信息应满足远方集控中心和各级调度中心对信息内容、精度、实时性和可靠性等的要求。

（十二）在线自诊断与冗余管理

变电站自动化系统在线运行时，应对系统及其设备的软硬件定时进行自诊断。当诊断出故障时应能自动闭锁或退出故障单元及设备，并发出告警信号。

（十三）保护功能

自动化系统按保护对象独立设置保护装置，保护装置采用的电气量直接由相关的一次设备提供，保护装置动作后输出命令作用于一次断路器，实现故障隔离。

（十四）保护信息管理功能

变电站自动化系统能及时采集、监视、处理站内保护装置的运行状况和运行信息，提供分层、分类报警信息，指导运行人员快速了解本变电站的电网运行情况。

（十五）通信功能

变电站自动化系统各设备通过网络通信方式，上传和共享各种处理的数据信息，物理通信接口冗余配置，各设备上电重启时不应误发数据。

系统至少具备与交（直）流电源系统监控装置、站内电度采集装置、通信机房动力环境监视系统、安全稳定控制装置、低频低压减载装置、小电流接地选线装置、治安与消防报警装置、图像监视系统、继电保护与故障录波信息管理子站系统、设备在线监测系统等通信接口，确保变电站设备运行信息采集的完整性。

三、变电站自动化系统设备

（一）站控层设备

变电站自动化系统站控层由系统主机、操作员站、维护工作站、五防系统主机以及远动装置等设备构成，各装置通过网络连接，是全站的指挥中心，提供站内运行、维护的人机联系界面，实现对间隔层设备的管理、控制等功能，是完成与各级调度中心和集控站通信、向上传送信息和接收下行命令的汇集中心。

1. 主机、操作员工作站、维护工作站

根据变电站电压等级的不同，站控层主机、操作员工作站、维护工作站的配置各不相同。通常500kV变电站配置有独立的主机、操作员工作站、维护工作站，主机还可能采用主备配置。220kV变电站配置有主机、操作员工作站，部分配置有维护工作站。110kV及以下电压等级变电站通常只配置主机，操作、维护功能集成在主机中，部分变电站主机为保证可靠性，会采用主备配置。

（1）主机具有主处理器和服务器的功能，是站控层数据收集、处理、存储及发送的中心，负责管理、显示有关的运行信息，为运行人员提供变电站的运行情况，支持运行监视和控制。

（2）操作员工作站一般调用主机数据，为操作员提供图形及报表显示、事件记录及报警状态的显示和查询，设备状态和参数的查询，操作指导，操作控制命令的解释和下达等，是站内计算机监控系统的主要人机界面。

（3）维护工作站可调用、修改主机数据库及站控层显示图像，为维护员提供图形、数据库编辑界面。该工作站一般只有维护人员才可使用。

2. 站控层五防系统

五防系统有独立微机五防、一体化五防或在线式五防三种模式。

（1）独立微机五防系统。由五防系统主机、五防软件、计算机钥匙、充电通信控制器、编码锁具等部件组成，实现面向全站设备的综合操作闭锁功能。

（2）一体化五防系统。五防系统主机与站控层主机同为一台主机、五防软件与主机共用图形界面，计算机钥匙、充电通信控制器、编码锁具等配置与独立微机五防相同。通常用于110kV及以下电压等级变电站。

（3）在线式五防系统。主要由五防系统主机、五防软件、在线式五防锁具等构成。它充分利用变电站自动化系统全站监控功能，集成在自动化系统后台软件中的五防模块和测控装置中的间隔五防模块，实现电气操作防误闭锁的实时判断，对满足防误闭锁操作条件的电气设备按操作票顺序逐步开放操作。

3. 远动装置

远动装置是变电站自动化系统与上级调度自动化系统进行信息交互的装置，以信息共享方式与变电站自动化系统进行数据交换，向运方集控中心和各级调度中心提供满足对电网运行监视控制的数据。

远动装置实现向调度和集控中心发送遥测、遥信信息，接受遥控、遥调命令及召唤请求等功能，远动信息应满足调度和集控中心对信息内容、精度、实时性和可靠性等的要求。远动装置直接从间隔层测控单元获取调度所需的数据，实现远动信息的直采直送，远动装置和站控层主机的运行互不影响。

随着远动技术的发展，传统的远动装置逐步向智能远动装置发展。智能远动装置可综合采集变电站各类运行数据，应用IEC 61850协议采集测控、保护、计量、故障录波、设备状态监测、环境监测、直流系统、消弧线圈等各类运行数据及辅助设备数据；还可通过专用协议采集相量测量装置（Phasor Measurement Unit，PMU）数据，接入视频数据。

智能远动装置除采集现有数据外，还具备新数据扩展采集功能；支持变电站数据的统一远方交换功能，能够实现变电站自动化系统和主站自动化系统之间的模型、图形交互；支持厂站各专业的完整数据上传，能够通过不同的通道或协议，根据不同数据的重要性和实时性要求，实现变电站各类数据的“轻重缓急”出站传输。智能远动装置支持兼容目前变电站与组织远方通信的各类协议，能够实现遥控、遥调、远方修改定值和投退软压板功能、计划曲线接收等操作和控制功能；支持调度端程序化操作和操作过程的可视化，能够向主站上送操作票中每步操作的内容，能够向主站上送当前步骤和执行状态；支持存储重要数据，可以存储遥信变位、保护动作事件、录波波形、操作报告、电量数据、在线监测数据；支持主站对动作历史信息、操作报告等记录进行召唤，各类数据的保存周期满足相应的应用需求。

4. 时间同步系统

为保证变电站各装置有统一的时间基准，各电压等级的变电站需配置统一的时间同步系统，站内各业务系统的基准时间均来自时间同步系统。

变电站时间同步系统配置了卫星同步对时系统，时钟源采用以天基授时为主、地基授时为辅的模式。天基授时采用以中国北斗卫星导航系统（BeiDou Navigation Satellite System，BDS）为主、美国全球定位系统（Global Position System，GPS）为辅的单向方式；地基授时利用站内各通信系统的频率和设备资源实现。为提高时间同步系统的冗余度，110kV及以上电压等级变电站、大型发电厂、有条件的场合应采用主备式时间同步系统。35kV变电站及其余场合可采用基本式或主从式时间同步系统。

5. 交流不间断电源系统

为保证站内各交流供电设备的可靠供电，各电压等级变电站应统一配置交流不间断电源系统（Uninterruptible Power Supply，UPS）。UPS采用冗余配置，运行方式通常为双机双母线带母联，UPS电池通常共用站内直流系统电池。

6. 站控层其他设备

（1）站控层设备与室外的电缆连接配置防雷设备。

（2）站控层配置具备规约转换功能的智能接口设备，支持不具备标准通信协议的站内二次智能设备接入。

（3）站控层配置网络打印机，方便报表、图形、工作票、操作票的打印。

（4）站控层配置音响报警装置，由操作员工作站驱动音响报警，可按事故、事件等分类发出不同报警音响。

（二）间隔层设备

变电站自动化系统的间隔层通常由保护装置、测控装置、网络通信接口等设备构成。该层设备负责完成变电站数据采集，设备监视、测量、控制、保护、同步，以及本间隔防误操作闭锁等功能。

1. 测控装置

测控装置完成变电站各电气单元的数据采集、处理以及控制命令的下达、传递。各电气单元独立配置测控装置。测控装置使用直流供电，供电电压有一定裕度，硬件采用模块化、标准化的结构，易维护和更换方便，且模块宜允许带电插拔，任何一个模块发生故障（控制单元和电源除外），不影响其他模块的正常运行，并配备诊断、维护、编程接口。各间隔测控单元的I/O回路数量满足本间隔信号数量的要求，线路及主变各侧测控装置具备断路器合闸同期检测功能。测控装置间具备相互通信、实施信息共享功能，可实现断路器、隔离开关分、合闸五防联锁、闭锁功能，站控层故障时不能影响间隔层设备的正常五防闭锁控制操作。

数字化变电站、智能化变电站由智能终端采集信息后，通过面向通用对象的变电站事件（Generic Object Oriented Substation Event，GOOSE）网络传送给测控装置，再由测控装置经制造商信息规范（Manufacturing Message Specification，MMS）网络送至监控系统后台服务器。测控单元通过GOOSE网络将本间隔断路器、隔离开关控制指令传送给智能终端，再由智能终端开出硬接点控制指令，完成断路器和隔离开关的分、合动作，并通过GOOSE实现间隔层测控单元之间的联闭锁功能。

2. 数字化变电站、智能化变电站其他间隔层设备

数字化变电站、智能化变电站中各类间隔层设备应能按照 IEC 61850 规约体系建模，具有完善的自我描述功能，实现与站控层设备通信；设备的网络连接能力满足系统内所有客户端通过各个网络同时连接的需求。各类间隔层设备与过程层设备之间按电力行业标准中规定的数据格式进行通信，具有识别协议中的数据有效性判断、实时闭锁保护、将告警事件上送的功能。在任何网络运行工况流量冲击下，间隔层装置均不应死机或重启。

（三）过程层设备

过程层设备主要完成变电站实时运行电气量的采集、设备运行状态的监测、控制命令的执行等功能，主要设备包括智能化一次设备（含电子式互感器）、合并单元、智能终端、在线式五防锁具等，具体设备如下。

1. 电子式互感器

电子式互感器由连接到一次系统和二次转换器的一个或多个电压或电流传感器组成，用以传输正比于一次测量的二次测量量，供给测量仪器、仪表和继电保护或控制装置。电子式互感器可以采用电流、电压混合式互感器，也可单独配置，现场安装宜按间隔布置。考虑成本因素，110kV 及以上电压等级的变电站多使用数字信号输出的电子式互感器；10kV/35kV 的变电站多采用低功耗的一体化互感器。

2. 合并单元（Merging Unit，MU）

MU 是将二次转换器送来的电流和电压数据进行时间相关组合的物理单元。该装置具备多个光纤以太网口，全站各光纤接口提供统一的采样速率，采用全站统一的时间同步系统，配置合理的传输时延补偿机制，确保各类电子互感器信号以及常规互感器信号经合并单元输出后的相差保持一致，多个合并单元之间的同步性能应能满足现场使用要求。

3. 智能终端

智能终端是实现信息采集、传输、处理、控制的智能化电子装置，通常与一次设备就近安装。该装置采用电缆与断路器、隔离开关、变压器连接，采集和控制各种所需的信号，采用光纤与间隔层设备通信，使用 GOOSE 网络协议传递上下行信息，其配置数量应与保护配置相匹配，双重保护配置双

智能终端，不同的智能终端使用不同的电源供电回路。

4. 在线式五防锁具

在线式五防锁具主要包括隔离开关锁、接地开关锁、接地点锁、网门锁、隔离（接地）开关电机电源开关等闭锁设备。各类锁具受在线式五防系统控制，实时向在线式五防系统反馈开锁、闭锁状态。

四、变电站自动化系统网络

1. 网络配置要求

（1）站控层、间隔层分别配置网络汇聚设备，分别汇聚各层的设备；采用双网结构，网络设备冗余配置，并采用不同直流母线段的直流电源供电。

（2）变电站自动化系统网络采用间隔层设备直接连接站控层网络、测控装置直接与站控层通信的结构。在站控层网络失效的情况下，间隔层能独立完成就地数据的监测和断路器控制功能。

（3）站控层网络负责站控层各个工作站之间和来自间隔层的全部数据的传输和各种访问请求。网络传送协议采用 TCP/IP 网络协议，网络传输速率不小于 100Mbps，网络配置规模应满足工程远期需求。

（4）变电站自动化系统网络拓扑结构可采用星形、环形或两种相结合的方式。站控层、间隔层、过程层设备均应采用冗余配置的以太网方式组网，传输速率不小于 100Mbps，并具有良好的开放性，以满足与电力系统专用网络连接及变电站容量扩充等要求。网络宜采用双网双工方式运行，提高网络冗余度，能实现网络无缝切换。

（5）应优先采用通信效率高、可靠性好的信息交换技术，如负载自动平衡式的双网均流技术、GOOSE 网络协议等。

（6）数字化、智能化变电站自动化系统间隔层设备通过交换机与站控层以太网连接，站级网络与过程层 GOOSE 网络分别独立组网，站控层与间隔层网络主要传输 MMS 和 GOOSE 两类信号，过程层与间隔层网络主要传输 GOOSE 和 SV 两类信号，GOOSE 信号和 SV 信号可分别组网，也可合并组网，但应根据流量和传输路径分为若干个逻辑子网，保证网络的实时性和可靠性。

（7）采用 IEC 60870－5－103 规约，间隔层设备通过交换机与站控层以太网连接，测控单元、保护装置共同组网。500kV 变电站保护小室可设子网，故障信息系统独立组网，不与监控系统主网共网传输，可利用装置的第三网口独立组网后形成继电保护故障及信息子系统。

（8）保护小室与控制室的网络通信应采用光纤网络连接。间隔层设备通过交换机与站控层以太网连接。

2. 网络传输介质及设备

（1）网络传输介质。可采用超五类以上带屏蔽网络线，通往户外的传输介质采用铠装光纤。

（2）以太网交换机。变电站自动化系统配置的交换机应虚拟局域网的网络安全隔离，支持组播过滤，支持优先级协议，支持端口速率限制和广播风暴限制，供电采用直流。

（3）路由器。路由器接口配置数量满足现场通信及远传需要，支持单播转发/组播转发，支持静态、动态路由协议，支持基于域的防火墙功能，支持 IPS 入侵防御系统，支持虚拟化功能，电源宜采用双电源配置。

（4）光电转换器。变电站自动化系统中光电转换器常用于通信线缆距离超过 150m 的站内通信，应用中有百兆光纤收发器和千兆光纤收发器，可实现站内快速以太网布置，其数据传输速率达 1Gbps，采用 CSMA/CD 的访问控制机制。通常要求光口配置灵活，支持 SC/ST/LC，支持单模和多模光纤，交/直流自适应方式供电，支持 IP30 及以上防护等级。

五、变电站自动化系统软件

（一）软件基本特性

变电站自动化系统软件应具备可靠性、开放性、可维护性、安全性的基本要求。

（1）可靠性。系统软件为正版软件，提供全部授权，遵循国际或国内标准，保证不同产品组合在一起能协调可靠地工作；系统软件平台选择可靠、安全的软件版本，并经充分测试，程序运行稳定可靠；整个系统功能不受单个故障的影响，重要单元或部件采用冗余配置；故障恢复过程快速而平稳，能够隔离故障节点，切除故障时其他节点能正常运行。

（2）开放性。系统应采用开放式体系结构，提供开放式环境，能支持多种硬件平台；支撑平台应采用国际标准开发，所有功能模块之间的接口标准应统一，支持用户应用软件程序的开发，保证能和其他系统互连和集成一体，或者很方便地实现与其他系统间的接口；系统选用通用的或者标准化的软硬件产品，遵循国际标准，满足开放性要求；具有良好的可扩展性，可以逐步建设、逐步扩充、逐步升级，以满足电网监控与运行管理不断发展的要求。

（3）可维护性。系统采用图模库一体化技术，方便系统维护人员画图、建模、建库，保证三者数据的同步性和一致性；具备简便、易用的维护诊断工具，使系统维护人员可以迅速、准确地确定异常和故障发生的位置和发生的原因；提供完整详细的使用和维护手册。

（4）安全性。系统满足国家电力监管委员会电力二次系统安全防护总体框架的要求，具有高度的安全保障特性，能保证数据安全、信息安全和具备一定的保密措施；执行重要功能的设备应有冗余备份，系统运行数据要有双机热备份，防止数据意外丢失；采取各种措施防止内部人员对系统软、硬件资源、数据的非法利用，严格控制各种计算机病毒的入侵与扩散，当发生病毒入侵时系统能及时报告、检查与处理；系统万一被入侵成功或发生其他情况导致数据服务崩溃时，要能有良好的恢复机制。

（二）软件结构

变电站自动化系统的软件由系统软件（含操作系统软件、数据库等）、网络通信软件及应用软件组成，采用模块化结构，以方便修改维护。

1. 操作系统软件

操作系统软件是负责对计算机硬件直接控制及管理的系统软件，包括系统生成包、编译系统、诊断系统和各种软件维护工具；具有系统生成功能，使其能适应监控系统硬件的变化；能支持用户开发的软件；能有效地管理各种外部设备，外部设备的故障不应导致监控系统的崩溃。

操作系统软件采用国际通用的、成熟的实时多任务操作系统。变电站计算机监控系统主机/操作员站的操作系统宜采用符合 POSIX 和 OSF 标准的 LINUX 操作系统。

2. 数据库

变电站自动化系统数据库的数据通常以电力系统设备为对象来组织，每一个数据代表设备的一个属性，这样的描述更符合电网的实际情况，也便于将来功能的扩展。电力系统中的物理对象进行抽象和模拟后，主要包括：断路器、刀闸、变压器等基本设备对象，遥测、遥信、脉冲等测点对象，以及保护设备、历史与日志记录、数据统计与计算和画面、声音等辅助对象。测点属于设备属性，而统计值、计算值、历史值则属于测点的属性。数据库主要完成数据的计算、统计、报警、追忆，事件的登录，网络的拓扑，以及数据一致性的维护，并向其他应用提供访问接口。

数据库应便于扩充和维护，应保证数据的一致性、安全性；可在线修改或离线生成数据库，用人-机交互方式对数据库中的各个数据项进行修改和增删；具体完成系统参数、设备显示及其属性、模拟量、状态量、控制量、计算量、电度量以及报表和历史数据等的维护。

数据库一般由实时数据库、历史数据库以及相应的数据访问中间件等构成。数据库结构应充分考虑分布式控制的特点，各个监控单元应具有就地监控所需的各种数据，以便在站控层退出运行时，间隔层仍有一定的监控功能。

（1）实时数据库。专门用来提供高效的实时数据存取，实现变电站的监视、控制和分析。实时数据库管理应具有实时性、可维护性、可扩展性、一致性和自动同步等特性。

1）实时性：能对数据库快速访问，在多个用户同时访问数据库时能满足实时功能要求。

2）可维护性：提供数据库维护工具，以便监视和修改数据库内的各种数据。

3）可扩展性：提供灵活的人机界面以方便变电站扩建的要求。

4）一致性和自动同步：在任何一台工作站上对数据库中数据修改时，系统自动同步修改所有工作站中的相关数据，保证数据的一致性和唯一性。变电站自动化系统只有实时数据库管理系统是不够的，因为一般实时数据库管理系统都是自动化系统厂家自行研制开发的，速度快，但比较封闭，接口的标准化程度不高，不一定完全符合各种通用的数据库国际标准接口。为方便与其他系统实现互联，目前变电站自动化系统常采用实时数据库管理系统和商用数据库管理系统相结合的方法，应用商用数据库管理系统，方便地实现信息的共享，实现直接使用商用软件的功能，按照标准方式与其他系统的互连，使系统真正具有完全意义上的开放性。

（2）历史数据库。历史数据库用来保存历史数据、应用软件数据等。历史数据库管理系统应采用 ORACLE、Sybase 等成熟的商用数据库；系统应是分布式的，具备标准 C/C＋＋语言调用、SQL、X/OPEN 的调用级接口（CLI）等；系统应支持所有的数据类型，包括基本的数据类型、声音和图形数据类型以及用户定义的数据类型等；系统应提供系统管理工具和软件开发工具来进行维护、更新和扩充数据库。历史数据应周期性地保存，每个实时数据库和应用软件数据库中的数据点都可以指定一个保存历史数据的间隔时间，历史数据的保存应不少于 24 个月。

3. 网络通信软件

网络通信软件能实现各节点之间信息的传输、数据共享和分布处理要求，能自动检测网络总线的负荷和各节点的工作状态，自动选择、协调通信路径优先采用网络均流技术。站控层的通信协议宜采用 TCP/IP 协议，站控层、间隔层网络通信应采用 IEC 61850 和 IEC 60870－5－103 的通信协议。

4. 应用软件

应用软件主要完成包括实时监视、异常报警、控制操作、统计计算、报表打印、网络拓扑着色、电压无功自动调节等各种监控应用。应用软件应采用模块化结构，具有良好的实时响应速度和可扩充性，并具有出错检测能力。当某个应用软件出错时，除有错误信息提示外，还应不影响其他软件的正常运行。应用软件在统一的支撑软件平台上，有较好的、统一风格的数据库及人机界面，并能共享公共电力系统模型及数据库。

六、变电站自动化系统通信规约

变电站自动化系统各层设备之间通信、层间相互通信需要通信双方共同遵守一定的约定，即需要一定的通信规约来约束数据的格式、顺序、速率、链路管理、流量调节和差错控制等。

目前变电站自动化系统主要使用的通信规约有 FT3 规约、IEC 61850 规约、IEC 60870－5－101 规约、IEC 60870－5－102 规约、IEC 60870－5－103 规约、IEC 60870－5－104 规约、DISA 规约、CDT 规约及 DNP 规约等，它们分别使用在不同的网络中。IEC 60870－5－101 规约、IEC 60870－5－104 规约、DISA 规约、CDT 规约及 DNP 规约应用于变电站站控层与调度或集控中心的通信。IEC 60870－5－102 规约是电能累计量传输的国际标准。

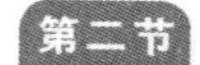

IEC 61850 规约、IEC 60870－5－103 规约和 FT3 规约使用在变电站内。IEC 60870－5－103 规约是传统的变电站自动化系统通信规约。IEC 61850 规约和 FT3 规约是数字化和智能化变电站应用的通信规约，智能变电站站控层和间隔层网络主要采用 IEC 61850 规约，而合并单元与电流采集器、电压采集器之间采用 FT3 规约。

IEC 60870－5－103 规约是基于开放系统互联（Open System Interconnection，OSI）七层网络参考模型中的物理层、链路层和应用层的三层通信规约，适用于编码为串行数据传输的间隔单元和控制系统进行信息交换。

IEC 61850 规约已不再是一种简单的通信规约，而是智能化变电站自动化系统的构建标准，主要解决变电站网络通信、信息共享、互操作以及变电站的集成与工程实施问题。它基于对象统一建模，采用面向对象技术和独立于网络结构的抽象通信服务接口，增强了设备之间的互操作性，可以在不同厂家的设备之间实现无缝连接，从而大大提高了变电站自动化技术水平和安全稳定运行水平。

第二节　变电站自动化系统运维工作简介

变电站自动化系统运维工作主要包括设备硬件巡视维护和系统数据维护两个部分。

一、设备硬件巡视维护

变电站自动化系统设备运维通常分为系统巡视、设备定期检验、缺陷处理、设备修理、设备改造、设备基础管理六类。

（一）系统巡视

变电站自动化系统巡视通常包括变电站运行人员日常巡视和自动化专业维护人员定期巡视两部分。变电站运行人员的日常巡视不能代替自动化专业维护人员定期巡视。

1. 变电站运行人员日常巡视

变电站运行人员日常巡视是指变电站运行人员在一定周期内容，按既定表单对设备进行巡视、检查，并记录巡视结果；发现变电站自动化系统故障、异常，按变电站运行规程及相关管理要求，进行处置。巡视中发现有影响电网调度监控的情况，应立即报告所属调度机构当值调度员并采取相应措施。日常巡视范围包括监控后台各主机、远动装置、对时系统、UPS系统、保护装置、测控装置、PMU系统、保护信息子站、网络设备等全部变电站自动化系统设备运行指示状况及可视的基本功能状况。

为方便运行人员巡视，自动化专业维护人员应事先针对不同变电站及设备，制定运行人员日常巡视卡，巡视卡应标明自动化系统各设备指示灯、各工作状况表示的意义，以及开关、把手、按钮的正常运行位置等。变电站运行人员应根据日常巡视卡所示内容，逐项进行巡视、记录，并将自动化设备巡视记录纳入变电站设备巡视记录管理。巡视中禁止采用试验手段（如改变把手位置、通断电源、重启设备等）来判断自动化设备是否工作正常。巡视时应注意观察设备是否存在有煳味、异常发热等情况以及风扇运行是否正常等。

巡视周期根据变电站有、无人员值班以及设备风险评估结果进行区分。有人值班变电站的自动化设备巡视由站内值班人员负责，每天结合站内设备日常巡视开展。无人值班变电站的自动化设备巡视由变电站运行操作人员负责，按无人值班变电站日常巡视周期，定期对变电站自动化设备开展巡视。

2. 自动化专业维护人员定期巡视

自动化专业维护人员定期巡视，由自动化专业维护人员按既定的检查表单，根据设备的重要度，定期对设备进行专项检查，发现问题时，根据问题的严重程度按既定策略进行处置。

变电站自动化设备专业定期检查的内容主要包括监控后台显示检查、对时功能检查、不间断电源功能检查、测控装置参数检查、网络设备状况检查、屏柜及接线防雷接地、运行环境检查。

定期检查周期一般根据设备重要度进行区分，220kV及以上电压等级的变电站自动化设备专业定期检查一般每季度开展1次，110kV及以下电压等级的变电站自动化设备专业定期检查一般每半年开展1次。

（二）设备定期检验

为保证变电站自动化系统的性能满足运行要求，需要按一定周期对变电站自动化设备进行定期检验（以下简称“定检”）和专项维护。

系统定期检验包括全部检验和部分检验，其检验周期和检验内容应根据各设备的要求和实际运行状况在相应的现场专用规程中规定。

（1）检验周期要求。自动化设备应用运行满一年，应进行首次全部检验。之后根据设备运行状况或状态评价结果开展部分检验和全部检验，全部检验周期最长不超过六年。为避免一次设备重复停电，需要停电进行检验的厂站自动化设备（如变送器、测控单元、电气遥控和遥调回路、相量测量装置、视频及环境监控设备等），其检验应尽可能结合一次设备的检修进行。

（2）自动化系统定检包括监控系统、远动设备、网络设备、测控设备、对时系统、同步相量测量设备、视频及环境监控、二次系统安全防护、交流不间断电源等设备的功能、性能及精度检测。同时还需对自动化系统涉及的各类电工测量变送器和仪表、交流采样仪器的性能进行检测，保证其性能满足自动化系统的运行需求。

（3）变电站自动化系统维护部门应编制、执行配套的定检作业指导书和作业表单，保证定检质量和定检工作的完整性。设备定检合格后，定检人员应及时整理记录，出具定检技术报告，及时修改变更设备的有关图纸资料和生产管理信息系统台账信息，使其与设备的实际情况相符。

（三）缺陷处理

变电站自动化系统缺陷是指系统运行中发生的异常或存在的隐患。这些异常或隐患将导致电网运行信息中断或错误，使调度自动化系统的可靠性、稳定性下降，设备性能、响应时间、调节速度和数据精度不满足设计或使用要求。

1. 缺陷的分类

变电站自动化系统缺陷按其影响的程度可分为紧急缺陷、重大缺陷和一般缺陷。

（1）紧急缺陷指直接威胁变电站自动化系统安全运行，随时可能造成电网/设备事故、电网/设备障碍，或误调、误控电网运行设备，需立即处理的异常或隐患。

（2）重大缺陷指严重威胁变电站自动化系统安全但尚能坚持运行，不及时处理有可能造成电网/设备事故、电网/设备障碍，或误调、误控电网运行设备的异常或隐患。

（3）一般缺陷指对变电站自动化系统安全运行有影响但尚能坚持运行，短期内不会劣化为紧急缺陷、重大缺陷的异常或隐患。

2. 缺陷的发现与处理

（1）各级人员发现缺陷后，按照现场运行规程采取相应的处置措施，并及时通知自动化系统维护人员进行处理。

（2）运行人员按现场运行要求对缺陷情况进行记录并跟踪缺陷处理情况，防止缺陷进一步恶化。

（3）维护人员发现缺陷或接到缺陷处理通知后，应及时对缺陷情况进行分析，开展缺陷定级和处理。不同级别的缺陷处理时限要求不同，通常紧急缺陷需在 8 小时内处理或降级，重大缺陷需在 72 小时内处理或降级，一般缺陷处理最长不超过 3 个月的时间。

（四）设备修理

变电站自动化系统设备运行一段时间后，会因设备质量不足、运行环境不良等原因，造成设备部件性能降低、频繁发生故障等情况。为保证设备的安全稳定运行，需要根据设备风险评估结果，对部分设备进行修理。

目前，变电站自动化设备多为模块化结构，设备修理主要是进行模块更换，不同模块的使用年限不同。常见的修理项目主要有设备电源模块更换、接头部件修理更换、绝缘不良回路更换、质量不良网络线路更换等。通常电源模块在运行 8 年左右需要更换，接口部件在经常出现异常的情况下需要更换，线缆则在绝缘性能降低、误码率增高的情况下需要更换。

设备修理需按生产项目实施要求专项开展。每年制定实施计划，编制专项实施方案，专人负责，部分需外部承包商参与的项目，承包商需具备电力项目实施的资质要求。项目实施完毕应及时对设备基础资料进行更改，确保基础资料的准确性，相关项资料应及时归档。

（五）设备改造

变电站自动化系统维护单位根据设备运行状况及检验情况，对部分性能严重下降无法修复的变电站自动化设备进行升级或更换改造。通常自动化设备运行年限超过 12 年，且经评估无法延寿的设备，或设备已经停产、设备风险评估结果为Ⅰ级、Ⅱ级的设备，应进行技术改造。

变电站自动化系统设备改造分为整体改造和局部改造。整体改造是对全站的自动化系统整体进行改造，此类改造主要针对系统整体性能下降、整体器件运行年限过长（通常超过 12 年）的变电站自动化系统。局部改造则是根据设备运行状况对部分停产、技术落后的设备进行更换改造。

设备改造需按生产项目实施要求专项开展。每年制定实施计划，编制专项实施方案，由专人负责。需外部承包商参与的项目，承包商应具备电力项目实施的资质。项目实施完毕应及时对设备基础资料进行更改，确保基础资料的准确性，相关项资料应及时归档。

（六）设备基础管理

变电站自动化系统的良好运行离不开设备的基础管理。设备基础管理主要包括设备台账管理、故障和缺陷管控、反事故措施的策略制定与落实以及系统运行数据分析及维护策略的制定等。各类基础管理需做好记录，明确资料变更时间、变更人、变更原因，确保基础资料维护到位，变更可追溯。

二、系统数据维护

变电站自动化系统正常运行，除保证设备正常运行外，还要对相关设备运行数据及参数进行维护。参数维护主要包括单装置参数维护和监控系统参数维护两部分。

（一）单装置参数维护

对变电站自动化系统单装置的相关参数，按说明书和系统运行要求进行配置。结合系统巡视和专项检查工作，检查参数设置是否与既定运行方案要求的参数一致。结合设备定检工作，检测参数设置项的功能正确性以及所设置的参数是否满足电力监控系统要求的性能指标，是否符合系统运行需求。

（二）监控系统参数维护

监控系统参数维护主要包括安全管理、分布式网络管理、系统自诊断管理、定时任务管理、权限管理等系统参数。该系统参数维护包括对系统、设备、网络、用户等各项管理参数进行维护。

三、运维指标要求

变电站自动化系统运维工作最终需要保证自动化系统的正常运行，设备运行是否正常需要有一定的性能指标来衡量，具体指标如下。

(一) 变电站自动化系统“四遥”信息量准确性指标

1. 主要遥信指标

(1) 状态量信息正确。主要包括断路器、隔离开关、接地开关、变压器、设备通信状态、运行状态等运行状态正确显示。

(2) 事故信号报送正确。主要包括电网故障、设备故障、断路器跳闸(包含非人工操作的跳闸)、保护装置动作出口跳合闸、安自装置动作的信号以及影响全站安全运行的远动业务中断等其他信号正确。

(3) 异常信号报送正确。主要包括各种反映一次、二次设备故障或异常情况的报警信号以及影响设备遥控操作的信（包括各类设备异常、VQC闭锁、装置通信中断等信号）报送正确。

(4) 越限信号报送正确。主要包括反映重要遥测量超出报警上下限区间的信息正确。

(5) 变位信号报送正确。主要包括开关类设备正常状态（分、合闸）改变的信息正确。

(6) 告知信号报送正确。主要包括反映电网设备运行情况、状态监测的一般信息（如隔离开关、接地刀闸位置信号、主变运行挡位）以及设备正常操作时的伴生信号（如测控装置远方/就地）报送正确。

(7) 遥信变化响应时间满足要求，从遥信变位至远动装置向远方调度发出报文的延迟时间不大于4s，从遥信变位至站控层显示的延迟时间不大于2s。

2. 主要遥测指标

(1) 测控装置电压、电流误差不大于0.2%，有功功率、无功功率、功率因数误差不大于0.5%，频率误差小于0.1Hz。

(2) 系统遥测量综合误差不大于1.0%。

(3) 遥测信息响应时间满足要求，从遥测量越死区至远动装置向远方调度发出报文的延迟时间不大于4s；总召唤时通信装置向远方调度发出报文的延迟时间不大于2s，从遥测量越死区至站控层显示的延迟时间不大于2s。

3. 主要遥控、遥调指标

（1）各类设备遥控正确，主要包括断路器、隔离开关、装置复位、功能投退、出口压板功能遥控正确。

（2）变电站自动化系统从站控层工作站发出操作指令到现场变位信号返回，总的时间响应不大于4s。

（3）设备遥调正确，主要包括有载调压变压器分接头升/降、急停遥调操作正确。

（4）变电站自动化系统从站控层工作站发出操作指令到现场变位信号返回，总的响应时间不大于4s。

（二）变电站自动化系统设备性能要求

1. 双机切换时间要求

对时系统、UPS系统、监控后台主机系统以及远动装置双机切换时间不大于30s。

2. 监控系统性能要求

监控后台主机系统显示的画面，动态响应时间不大于2s，画面实时数据刷新周期不大于3s。

3. 对时系统及装置对时精度要求

对时系统主钟对时误差不大于1μs，测控装置、远动装置、监控后台主机系统对时误差不大于1ms。

4. 系统负荷率要求

（1）监控单元的CPU负荷率：正常时不大于30%；故障时不大于50%。

（2）监控后台主机系统中，各工作站CPU平均负荷率，正常时（任意30min内）不大于30%，电力系统故障时（10s内）不大于50%。

（3）网络通信负荷率：变电站运行正常时通信负荷率不大于30%；一次设备发生故障时通信负荷率不大于40%。

第三节　变电站自动化系统风险评估与控制概况

危害是指人的不安全行为或物的不安全状态。风险是指某一特定危害可能造成损失或损害的可能性变成现实的机会，通常表现为某一特定危险情况发生的可能性和后果的组合。风险与危害的定义不同，危害是固有存在的，而风险不是固有存在的，风险高低说明造成损失的概率高低。

一、变电站自动化系统风险分布

变电站自动化系统危害主要来源于现场设备自身或运行环境造成的系统不安全状态，以及运行维护人员在维护中的不安全行为所造成的系统不安全状态或人员伤害。

设备自身不安全状态是指设备本身运行不可靠，可能给整个系统的稳定带来危害。危害成为风险的可能程度主要取决于设备的制造质量、设备维护水平、设备运行环境以及老化程度等因素。

设备运行环境除自然环境外，还包括因自动化系统大量应用计算机、网络、通信技术而需关注的网络安全环境。随着网络发展，网络安全风险日益加剧，网络攻击、计算机病毒已严重危害自动化系统和设备的安全稳定运行，其可能遭受危害的大小和风险高低取决于系统网络安全的防护水平。

此外，自动化系统维护人员在维护工作中的不规范作业、错误操作、工作失误也会给自动化系统和设备带来危害，其风险的高低，主要取决于工作人员的技能水平、维护方式的选择、作业过程控制的好坏。

综合上述分析，变电站自动化系统风险主要包括设备风险、网络安全风险以及维护人员作业风险三类。

二、变电站自动化系统风险评估与控制原理

变电站自动化系统风险评估与控制，包括危害辨识、风险评估、风险控制、动态监测、变化管理五部分。在实际应用中，危害辨识找出可能存在的危害；风险评估分析出危害造成后果的严重度和可能性，并确定风险大小；风险控制通过制定、实施控制措施降低、消除风险；动态监测实时

监视、测量风险控制效果；变化管理对风险控制中出现的变化情况加以控制。

（一）危害辨识

危害辨识是分析查找可能引发变电站自动化系统运行不安全，或因自动化系统异常引起的电网不安全和供电风险的危害因素和危害事件，以及在变电站自动化系统作业中，因为人员工作失误或过错造成的危害事件。

（1）危害因素是指影响变电站自动化系统、电力系统安全稳定性和供电可靠性的特定条件，主要包括：系统规划、设计存在的缺陷，设备选型、配置及健康水平不满足使用要求，系统运行环境不满足运行要求，人员作业不符合要求或失误等，强调在一定时间范围内的积累作用。

（2）危害事件是指导致危害因素转化为风险后果的突发事件，强调突发性和瞬间作用。

（二）风险评估

风险评估对危害产生后果的损失程度以及产生后果的可能性进行度量分析，确定风险值大小，将风险划分成不同等级，以方便确定风险控制的人、财、物投入量。

1. 风险评估的分类

为实现风险评估的全面性、针对性和实时性，风险评估按时间周期与触发条件的不同，可分为基准风险评估、基于问题的风险评估、持续风险评估三类。

（1）基准风险评估。依据相关风险评估标准或方法，全面识别变电站自动化系统在“设备、网络安全、维护作业”三方面的危害因素，进行风险评估，建立风险数据库。

（2）基于问题的风险评估。对基准风险评估中发现的重大风险以及生产过程中出现的高风险对象或事故、事件等突出问题，进行针对性的专项风险评估。

（3）持续风险评估。变电站自动化系统运行中开展持续动态的评估。具体做法可以是日常巡视、作业前评估、运行方式改变分析、各类检查等。

基准风险评估、基于问题的风险评估、持续风险评估三类风险评估是一个相对独立又具有统一性的整体，不可分开看待。在实际的风险评估过程中，不需要刻意区分这些方法和概念，只要风险评估全面、有针对性和实效性即可。

2. 风险数据库

风险数据库是用以描述变电站自动化系统“设备、网络安全、维护人员作业”风险信息的数据。其主要表现形式是表格，作用是说明风险评估对象存在何种风险、风险存在何处、风险性质特征、风险后果及产生条件、风险大小、现行控制措施及建议措施等，目的是让人清楚变电站自动化系统风险分布情况，为做好风险控制工作提供依据。

3. 风险评估的基本原则

（1）全员参与。变电站自动化系统风险评估需要设备运行、维护人员以及专业管理人员全员参与。全员参与也是提升人员风险意识，使其熟悉风险控制措施，提升控制措施执行效能的关键，是实现全方位风险控制的基础。

（2）系统性。系统地识别危害因素和风险产生过程，是变电站自动化系统风险得到全面评估和控制的前提。

（3）评估需量化。依据风险评估结果量化风险值，按风险大小将风险分为不同的等级，指导有限的风险控制资源准确投入使用。

（三）风险控制

风险控制是根据风险等级，分类、分级、分层地对风险进行控制。不同设备、网络安全、作业风险投入的控制资源不同，采取的控制措施不同，控制措施管理层级不同，其最终目标都是实现对变电站自动化系统各类风险进行经济有效的控制。

（四）动态监测

变电站自动化系统各类风险控制有效性，随着时间、外部环境、技术的变化而变化。为保证风险控制的有效性，需要动态地对风险控制效果进行监测。具体监测方法通常可采取定期风险回顾、实时风险评估等方法，检查风险值的变化情况和控制措施的有效性。

（五）变化管理

在变电站自动化系统风险控制动态监测中，若发现控制措施有效性降低或者是有新的风险产生，则需要采取变化管理措施，结合现有控制措施对风险变化情况和新风险进行系统的风险评估，拟定、实施新的控制措施，以便完善风险控制的有效性。

第二章 变电站自动化系统设备风险评估与控制

变电站自动化系统设备风险评估的目的是摸清变电站自动化系统设备潜在的风险，找出有针对性的风险控制措施，避免或减少意外损失。

设备风险管控思路是基于风险，以设备全生命周期管理过程与自动化设备特点，对设备运行、管理中各环节可能出现的风险提出管控要求和方法，最终提高设备风险管控的综合效益。整个过程遵循危害辨识、风险评估、制定措施、落实措施、总结回顾五个基本环节。

第一节 变电站自动化系统设备风险评估与控制概况

一、变电站自动化系统设备风险评估的总体思路

变电站自动化系统设备风险评估强调设备危害因素识别。评估人员需要针对自动化设备可能发生的故障，建立设备故障分析模型，从安装地点、运行环境、技术状况、运行工况、维护水平、负荷影响等方面，找出可能造成故障的危害因素，并根据发生故障概率和后果的严重度，确定风险大小。根据风险值的大小从高到低分为Ⅰ级、Ⅱ级、Ⅲ级和Ⅳ级。依据设备风险管控级别，确定设备运维策略，制订巡视、定检、修理、改造等工作计划，为不同管控级别设备匹配差异化的管控策略。

二、变电站自动化系统设备风险评估与控制流程

变电站自动化系统设备风险评估实施流程包括信息收集、状态评价、故障概率分析、设备重要度评价、故障损失分析、风险评估及状态确定、设备分类管控、设备动态监测、状态动态分析、专题分析，共计十个步骤。其中，信息收集、状态评价、故障概率分析、设备重要度评价、故障损失分析属于设备危害辨识环节，设备分类管控属于措施制定与执行环节，状态动态分析与专题分析属于总结回顾环节。变电站自动化系统设备风险评估流程如图 2－1 所示。

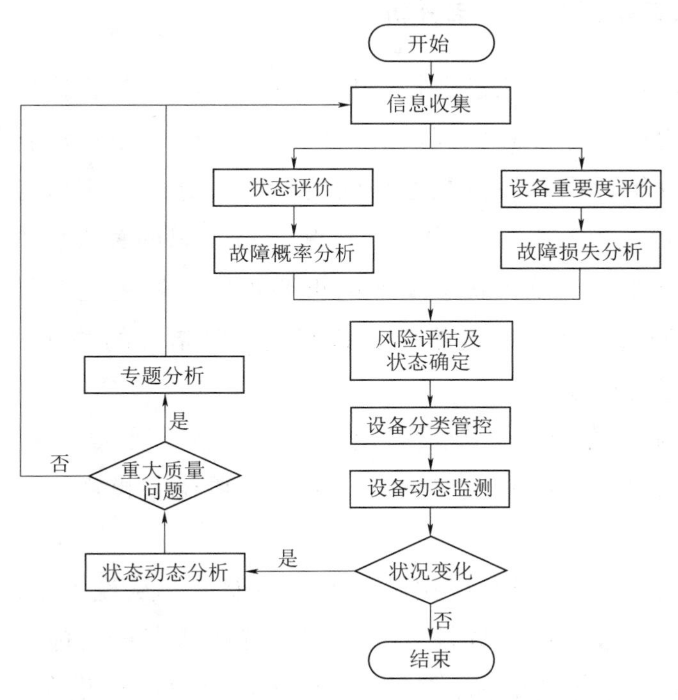

图 2-1　变电站自动化系统设备风险评估流程图

（一）信息收集

变电站自动化系统设备风险评估前，需对设备基础数据、运行状况数据、定检试验数据、家族性缺陷数据、事故处理情况以及同类型、同厂家设备的异常数据等信息进行收集。信息收集应由运行和维护单位共同完成，收集中需确保信息的完整性、准确性、及时性，具体收集的信息内容如下：

（1）设备基础数据。主要包括设备台账、出厂资料、安装调试报告等。

（2）运行状态数据。指来源于设备运行环节的数据，主要包括设备巡视记录、运行工况记录、故障信息、缺陷信息、跳闸或动作记录等。

（3）定检试验数据。指来源于设备定检试验环节的数据，主要包括试验报告、定检试验结果数据、检修维护记录、故障及缺陷处理记录、在线监测和带电检测的各类数据。

（4）其他资料信息。主要包括相关缺陷、相关反措落实情况和省内外同类设备年度故障情况等信息，以及基建部门和物流部门提供的设备采购、监造、抽检、安装等过程的设备异常信息。

（二）状态评价及故障概率分析

（1）依据收集的设备状态数据，从设备投运前状况、历史运行状况、实时运行状况、检修状况、其他因素五个维度，对变电站自动化设备状况进行分析。各维度分析根据对设备状态反映的程度，分配一定状态反映占比（各维度占比和为1）；再在各维度内查找反映设备状态的关键状态量指标，各指标在本维度内也按其对设备状态反映的重要程度进行占比分配（各指标占比和为1）；最后通过具体设备五维度、状态量关键指标的关联关系分析，建立设备状态评价指标模型。

1）投运前状态量指标：从设备出产厂家（制造质量）、施工单位（施工安装质量）、设计单位（图纸设计质量）、运行单位（投产验收质量）等方面选取状态量指标。

2）历史运行状态量指标：在设备评价周期内，从设备缺陷、故障情况、同型号（同批次）设备的家族性缺陷等方面选取状态量指标。

3）实时运行状态量指标：在设备评价周期内，从设备实时配置情况、实时监视状况等方面选取状态量指标。

4）检修状态量指标：在设备评价周期内，从设备定期检验情况、防范以往同类设备事故措施执行情况、设备改造或插件更换、软件更新、补充校验等方面选取状态量指标。

5）其他因素：在设备评价周期内，从设备所处的环境因素、运行时间、配附件状况、厂家服务质量、运维人员对设备的影响等方面选取状态量指标。

（2）设备状态评价关键评分。根据指标的优劣，从0～10分对各设备指标进行评分，0分表示指标状态最差，10分表示指标状态最优。

（3）设备状态评价分值计算。先将各指标评分与其占比相乘，计算出关键状态量指标在维度内的评分；再将维度内各指标得分之和乘以维度占比，得到维度状态评分；各维度状态评分的总和即为设备状态评价总分。具体设备状态评价分值计算公式为

$$S=\sum A_i\times(\sum B_j\times K_p) \tag{2-1}$$

式中 S——设备状态评价总分；

A_i——设备分析维度占比；

B_j——各维度设备状态关键指标在维度内的占比；

K_p——设备状态关键指标得分。

（4）经计算得出设备状态评价分值，参考状态评价标准，将设备分为不同等级。变电站自动化系统设备状态评价标准见表2-1。

表2-1　变电站自动化系统设备状态评价标准

状态评分/分	90～100	80～89	70～79	0～69
评价结果	正常状态	注意状态	异常状态	严重状态

1）正常状态：指设备状态量化值处于稳定，各项指标均在标准限值内，设备运行正常。

2）注意状态：根据以往设备性能指标数据分析，设备状态量指标变化趋势朝接近标准限值方向发展，但未超过标准限值，仍可以继续运行，应加强运行中的监视。

3）异常状态：设备现阶段的状态量指标较初始投运时变化较大，已接近或略微超过标准限值，应监视运行，并适时安排停电检修或更换。

4）严重状态：设备状态量指标已严重超过标准限值，应立即安排停电检修或更换。

由于各变电站自动化系统设备本身特性及所处环境不同，设备状态导致设备故障的概率在正常情况下应各不相同。变电站自动化系统设备状态与可能引发设备故障概率对照见表2-2。

表2-2　变电站自动化系统设备状态与可能引发设备故障概率对照表

状态评分 S/分	90～100	80～89	70～79	0～69
评价结果	正常状态	注意状态	异常状态	严重状态
设备平均故障率 P/%	0.5	2.5	12	60

（三）设备重要度及故障损失分析

变电站自动化系统设备重要度分析主要依据设备故障可能造成的损失，从设备使用的变电站电压等级、业务影响范围、设备在本站同类设备中的重要性等方面进行分析。变电站自动化系统设备造成的损失，除对一次设备误出口控制外，多半不是直接的电力供应损失，如部分监控数据传送、展示错误带来的监控失误难以直接用经济价值来衡量。因此，变电站自动化系统设备重要度分析需要考虑设备本身损坏价值，还需要考虑其故障对监控影响的范围。

各项损失评分计算：每项可能损失类型以 0～10 分为评分区间，0 分表示损失程度最小，10 分表示损失程度最大，具体可能损失值的计算公式为

$$LE = \sum_{i=1}^{n} a_i \times \left(\sum_{j=1}^{m} a_j \times P_j\right) \tag{2-2}$$

式中 LE——变电站自动化系统设备的可能损失评估量化值；

n——故障类型数量；

a_i——该项故障类型相对于设备故障的权重；

m——该项故障类型 i 中的可能损失类型数量；

a_j——该项可能损失类型相对于其对应故障类型的权重；

P_j——该项可能损失类型的评分。

（四）设备风险评估及状态确定

（1）变电站自动化系统设备风险评估是依据状态评价分析得出的故障概率及重要度分析得出的故障损失结果，两者相乘计算出设备风险值，具体计算公式为

$$R = P \times LE \tag{2-3}$$

式中 R——设备风险值；

P——设备故障概率值；

LE——设备重要度评分。

（2）根据实际计算的变电站自动化系统设备风险值从大到小，将设备分为Ⅰ级、Ⅱ级、Ⅲ级和Ⅳ级。变电站自动化系统设备风险值与设备等级对照见表 2-3。

表 2-3　变电站自动化系统设备风险值与设备等级对照表

设备风险值 R	$R \geqslant 5$	$5 > R \geqslant 3$	$3 > R \geqslant 0.5$	$R < 0.5$
设备等级	Ⅰ级	Ⅱ级	Ⅲ级	Ⅳ级

（五）设备动态监测

各项运维策略制定后，设备运维人员应按运维策略对设备进行运行和维

护，结合日常维护和设备在线监测手段对设备的运行状况进行动态监测，发现异常时应对设备状态进行动态分析。

（六）设备状态动态分析

当设备运维中发现设备出现异常、运行环境发生较大变化、设备管理要求变化时，设备专业管理部门应及时组织对设备状态进行动态分析，修编设备基准评价数据，及时调整设备运维策略。通常启动动态分析的条件有新设备投运、发现家族性缺陷、设备出现隐患、设备运行环境变化、设备重要度提升（特殊保供电时段）、自然环境变化、设备升级改造或缺陷消除等。

（七）设备专项分析

当设备发生重大质量问题时，设备专业管理部门组织专业人员及时开展设备专题分析，重新评价设备状态，采取专项管控措施进行处理。通常启动专项分析的条件有关专题报告、事故通报、其他重大设备变化。

第二节　变电站自动化系统设备风险评估

本节依据变电站自动化系统设备风险评估方法，分别对各层主要设备进行设备风险评估，主要评估设备包括监控后台机、远动装置、对时系统、UPS系统、五防系统、PMU装置、测控装置、合并单元以及站内通信使用的交换机、路由器等。

一、站控层设备风险评估

（一）监控后台机风险评估

1. 监控后台机的状态评价

变电站自动化系统监控后台机状态评价，按风险评估总体流程，需进行投运前状况、历史运行状况、检修状况、实时运行状况、其他因素五维度状态量分析及状态量指标选取，监控后台机状态评价模型如图2-2所示。

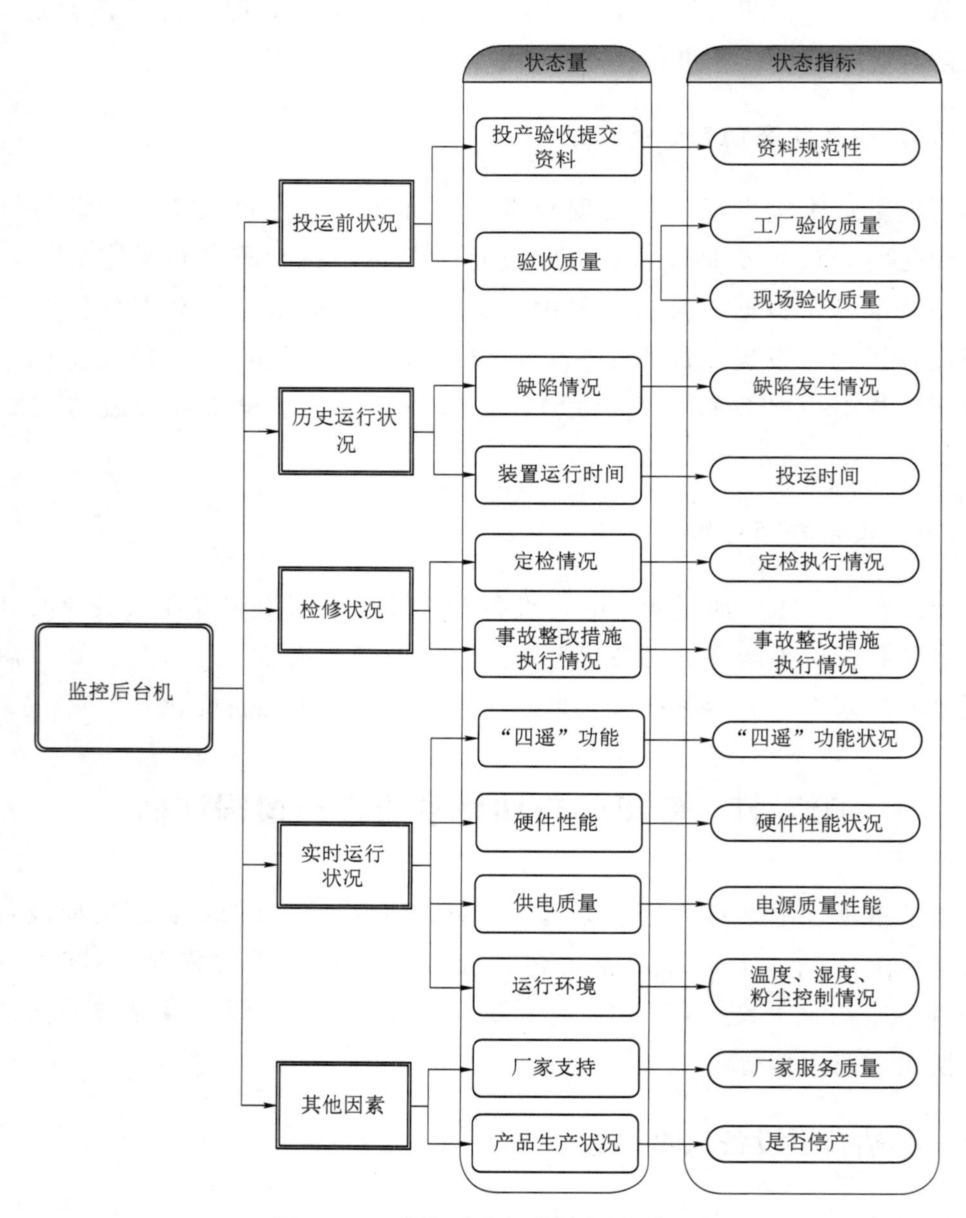

图 2-2 监控后台机状态评价模型

2. 监控后台机状态量、指标权重及评分设置

关键指标确定后，根据各维度关键指标数量以及可能对监控后台机的影响程度，对各维度进行权重赋值，维度的权重和为 1；再给各维度内关键指标分配占比，各指标在维度内占比和为 1。监控后台机维度权重及关键指标权重和评分简易参考经验值见表 2-4。实际应用中，评估者可根据现场设备

的实际情况对各类赋值进行调整。

表 2-4　监控后台机维度权重及关键指标权重和评分简易参考经验值表

<table>
<tr><th>评价维度</th><th>维度权重</th><th>评价指标</th><th>维度内指标的权重</th><th>评价标准</th><th>评分</th></tr>
<tr><td rowspan="7">投运前状况</td><td rowspan="7">10%</td><td rowspan="3">资料规范性</td><td rowspan="3">40%</td><td>满足，记 10 分</td><td rowspan="3"></td></tr>
<tr><td>基本满足，记 5 分</td></tr>
<tr><td>不满足，记 0 分</td></tr>
<tr><td rowspan="2">工厂验收质量（是否满足验收规范要求）</td><td rowspan="2">30%</td><td>满足，记 10 分</td><td rowspan="2"></td></tr>
<tr><td>不满足，记 0 分</td></tr>
<tr><td rowspan="2">现场验收质量（是否满足验收规范要求）</td><td rowspan="2">30%</td><td>满足，记 10 分</td><td rowspan="2"></td></tr>
<tr><td>不满足，记 0 分</td></tr>
<tr><td rowspan="12">历史运行状况</td><td rowspan="12">20%</td><td rowspan="6">缺陷情况</td><td rowspan="6">60%</td><td>无缺陷情况，记 10 分</td><td rowspan="6"></td></tr>
<tr><td>曾经发生过一般缺陷，记 8 分</td></tr>
<tr><td>曾经发生过重大缺陷，或发生多于 1 次一般缺陷，记 6 分</td></tr>
<tr><td>曾经发生过紧急缺陷，或发生多于 1 次重大缺陷，记 4 分</td></tr>
<tr><td>1 年内发生过 1 次未消除的重大缺陷，或 2 次未消除的一般缺陷，记 2 分</td></tr>
<tr><td>1 年内发生过 1 次以上未消除的紧急缺陷，或 2 次以上未消除的重大缺陷，记 0 分</td></tr>
<tr><td rowspan="6">投运时间</td><td rowspan="6">40%</td><td>运行不足 1 年，记 8 分</td><td rowspan="6"></td></tr>
<tr><td>1～3 年，记 10 分</td></tr>
<tr><td>3～5 年，记 8 分</td></tr>
<tr><td>5～6 年，记 6 分</td></tr>
<tr><td>7～9 年，记 3 分</td></tr>
<tr><td>10 年以上，记 0 分</td></tr>
<tr><td rowspan="2">检修状况</td><td rowspan="2">20%</td><td>定检执行情况</td><td>60%</td><td>定检执行，记 10 分；未执行，记 0 分</td><td></td></tr>
<tr><td>事故整改措施执行情况（根据电网内发布的监控后台机事故拟定的整改措施）</td><td>40%</td><td>完全执行，记 10 分；未执行，记 0 分</td><td></td></tr>
</table>

续表

评价维度	维度权重	评价指标	维度内指标的权重	评价标准	评分
实时运行状况	40%	“四遥”功能状况	30%	功能正常，记 10 分	
				一类、二类信息遥信误发，事故遥信不报警，一般遥信量不正确，一般遥测量不正确，记 4 分	
				重要遥信量不正确，重要遥测量不正确，一般遥控、遥调失灵，记 2 分	
		硬件性能：动态画面响应时间不大于 2s，各工作站 CPU 平均负荷率（正常时 30%，故障时 50%）	30%	满足，记 10 分	
				基本满足，记 5 分	
				不满足，记 0 分	
		供电质量：电压在85%～110%额定值范围内，谐波分量不大于 5%，频率为 47.5～52.5Hz	30%	范围区域<20%，记 10 分	
				范围区域<60%，记 5 分	
				范围区域>60%，记 0 分	
		运行环境：温度宜在 15～35℃范围内，温度变化率每小时不宜超过 ±2℃，相对湿度宜为 45%～75%，粉尘每升空气中不小于 0.5μm 的尘粒数应少于 18000 粒	10%	满足，记 10 分	
				部分满足，记 5 分	
				不满足，记 0 分	
其他因素	10%	厂家支持服务质量	50%	好，记 10 分	
				中，记 5 分	
				差，记 0 分	
		产品是否停产	50%	否，记 10 分	
				是，记 0 分	

评价时指标若未监测或无数据，评分记为 0 分。根据监控后台机实际状况评价计算得分，再根据得分对照表 2－2 查找得到设备发生故障的概率。

3. 监控后台机重要度评估

依据设备对电网、变电站自动化系统的影响以及设备配置情况，评估计算单台监控后台机的重要度评分，监控后台机重要度评价权重及评分值简易参考经验评分对照表见表 2－5。实际应用中，评估者可根据现场设备的实际情况对各类赋值进行调整。

表 2－5　　监控后台机重要度评价权重及评分值简易参考经验评分对照表

<table>
<tr><th>关注因素</th><th>要素权重</th><th>取　值　标　准</th></tr>
<tr><td rowspan="2">监控后台机重要性</td><td rowspan="2">30%</td><td>监控主机，记 10 分</td></tr>
<tr><td>其他工作站，记 6 分</td></tr>
<tr><td rowspan="3">监控后台机冗余程度</td><td rowspan="3">10%</td><td>三机以上冗余，记 10 分</td></tr>
<tr><td>双机冗余，记 6 分</td></tr>
<tr><td>无冗余，记 0 分</td></tr>
<tr><td rowspan="4">所影响整个电网自动化系统业务</td><td rowspan="4">40%</td><td>影响实时监视、控制任务，记 10 分</td></tr>
<tr><td>影响实时监视任务，记 8 分</td></tr>
<tr><td>影响分析应用任务，记 6 分</td></tr>
<tr><td>影响非实时监视任务，记 4 分</td></tr>
<tr><td rowspan="4">所属电网电压等级</td><td rowspan="4">20%</td><td>500kV，记 10 分</td></tr>
<tr><td>220kV，记 8 分</td></tr>
<tr><td>110kV，记 6 分</td></tr>
<tr><td>35kV，记 4 分</td></tr>
</table>

4．监控后台机设备风险的计算及处理原则

综合考虑监控后台机发生故障的概率和重要性，计算出监控后台机的风险值［式（2－3）］，再依据风险值划分设备等级。设备评估完成后对其状态评价与风险评估结果进行登记。状态评价与风险评估结果登记表见表 2－6。

表 2－6　　状态评价与风险评估结果登记表

<table>
<tr><td colspan="8">一、设备资料</td></tr>
<tr><td>运行单位</td><td></td><td>安装地点</td><td></td><td>设备（系统）名称</td><td></td><td>电压等级</td><td></td></tr>
<tr><td>生产厂家</td><td></td><td>设备（系统）型号</td><td colspan="3"></td><td>投运日期</td><td></td></tr>
<tr><td>评估日期</td><td></td><td>评估人</td><td colspan="3"></td><td>登记人</td><td></td></tr>
<tr><td colspan="8">二、设备的状态评价结果及平均故障率</td></tr>
<tr><td colspan="4">状态综合评价总分</td><td colspan="4"></td></tr>
<tr><td colspan="4">平均故障率 P</td><td colspan="4"></td></tr>
<tr><td colspan="8">三、设备的可能损失评估</td></tr>
<tr><td colspan="4">可能损失 LE</td><td colspan="4"></td></tr>
<tr><td colspan="8">四、设备风险评估</td></tr>
<tr><td colspan="4">风险值 $R=LE\times P$</td><td colspan="4"></td></tr>
<tr><td colspan="4">风险级别</td><td colspan="4"></td></tr>
</table>

（二）远动装置风险评估

1. 远动装置状态评价

远动装置的状态评价，按风险评估总体流程，需进行投运前状况、历史运行状况、检修状况、实时运行状况、其他因素五维度状态量分析及状态量指标选取。远动装置状态量评价模型如图 2－3 所示。

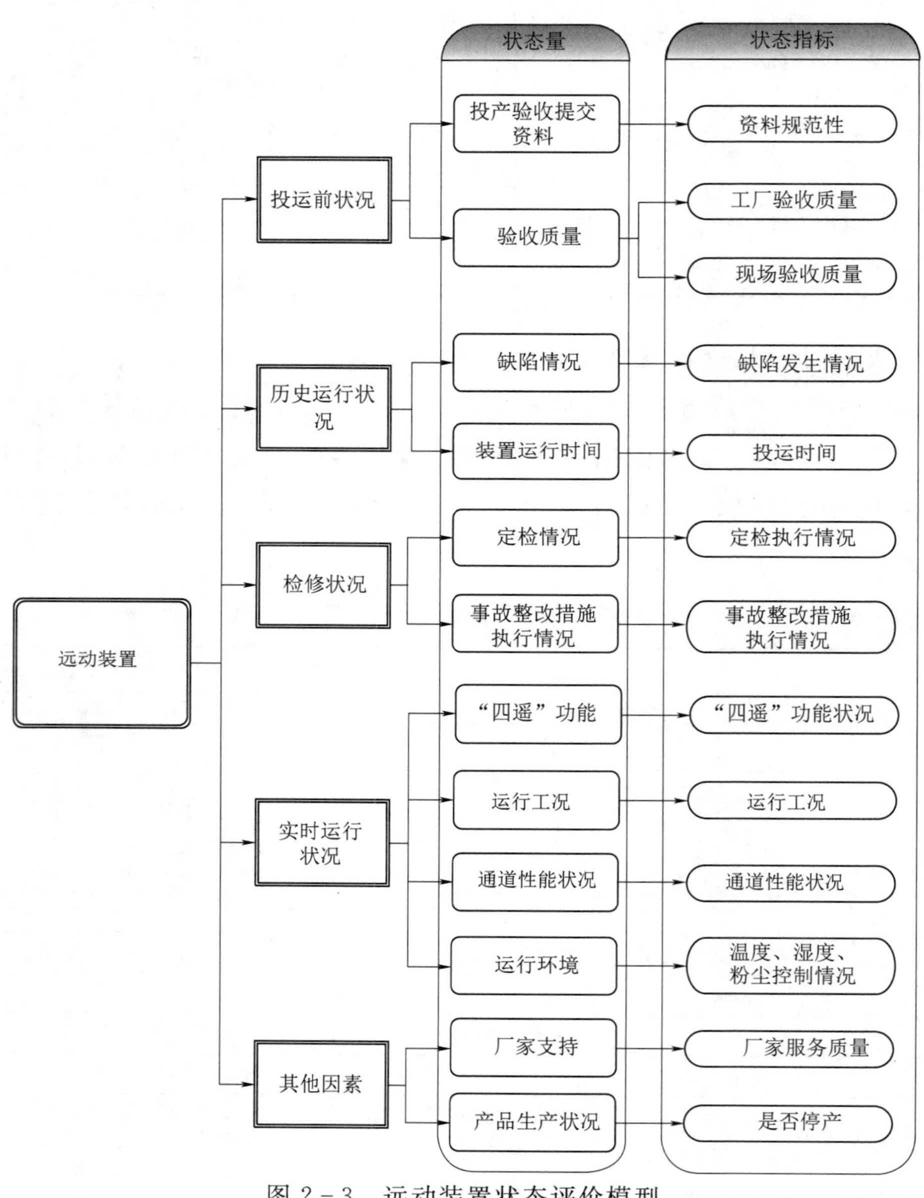

图 2－3　远动装置状态评价模型

2. 远动装置状态量、指标权重及评分设置

关键指标确定后，根据各维度关键指标数量以及可能对远动装置的影响程度，对各维度进行权重赋值，维度的权重和为1，再给各维度内关键指标分配占比，各指标在维度内占比和为1。远动装置维度权重及关键指标权重和评分简易参考经验值见表2-7。实际应用中，评估者可根据现场设备的实际情况对各类赋值进行调整。

表2-7 远动装置维度权重及关键指标权重和评分简易参考经验值表

评价维度	维度权重	评价指标	维度内指标的权重	评价标准	评分
投运前状况	10%	资料规范性	40%	满足，记10分	
				基本满足，记5分	
				不满足，记0分	
		工厂验收质量（是否满足验收规范要求）	30%	满足，记10分	
				不满足，记0分	
		现场验收质量（是否满足验收规范要求）	30%	满足，记10分	
				不满足，记0分	
历史运行状况	20%	缺陷情况	60%	无缺陷情况，记10分	
				曾经发生过一般缺陷，记8分	
				曾经发生过重大缺陷，或发生多于1次一般缺陷，记6分	
				曾经发生过紧急缺陷，或发生多于1次重大缺陷，记4分	
				1年内发生过1次未消除的重大缺陷，或2次未消除的一般缺陷，记2分	
				1年内发生过1次以上未消除的紧急缺陷，或2次以上未消除的重大缺陷，记0分	
		投运时间	40%	运行不足1年，记8分	
				1～3年，记10分	
				4～5年，记8分	
				6～7年，记5分	
				8～9年，记3分	
				10年以上，记0分	

续表

评价维度	维度权重	评价指标	维度内指标的权重	评价标准	评分
检修状况	20%	定检执行情况	60%	定检执行，记10分；未执行，记0分	
		事故整改措施执行情况（根据电网内发布的远动装置事故拟定的整改措施）	40%	完全执行，记10分；未执行，记0分	
实时运行状况	40%	“四遥”功能状况	30%	功能正常，记10分	
				一类、二类信息遥信误发，事故遥信不报警，一般遥信量不正确，一般遥测量不正确，记4分	
				重要遥信量不正确，重要遥测量不正确，一般遥控、遥调失灵，记2分	
		运行工况	30%	运行工况良好，记10分	
				指示灯不亮，装置运行正常，记8分	
				装置或接线端子锈蚀严重，名称标志不明、不完全正确，记6分	
				双机配置系统频繁主备切换，装置出现告警信息，记4分	
				单机配置，双机配置系统处于单机运行状态，所有远动装置数据不刷新，通信口与调度通信不正常，记2分	
				所有远动装置退出或死机，记0分	
		通道性能状况	30%	双网络通道、纵向认证部署齐全，记分10分	
				双通道，有非网络通道，记分8分	
				单通道，记分5分	
				通道时断时续，记分2分	
				通道不通，记0分	
		运行环境：温度宜在15～35℃范围内，温度变化率每小时不宜超过±2℃，相对湿度宜为45%～75%，粉尘每升空气中不小于0.5μm的尘粒数应少于18000粒	10%	满足，记10分	
				部分满足，记5分	
				不满足，记0分	

续表

评价维度	维度权重	评价指标	维度内指标的权重	评价标准	评分
其他因素	10%	厂家支持服务质量	50%	好，记 10 分	
				中，记 5 分	
				差，记 0 分	
		产品是否停产	50%	否，记 10 分	
				是，记 0 分	

评价时指标若未监测或无数据，评分记为 0 分。根据远动装置实际状况，评价计算得分，再根据得分对照表 2-2 查找得到设备发生故障的概率。

3. 远动装置重要度评估

依据设备对电网、变电站自动化系统的影响以及设备配置情况，评估计算单台远动装置的重要度评分，远动装置重要度评价权重及评分值简易参考经验评分对照表见表 2-8。

表 2-8　远动装置重要度评价权重及评分值简易参考经验评分对照表

关注因素	要素权重	取值标准
远动装置冗余度	30%	三机以上冗余，记 10 分
		双机冗余，记 6 分
		无冗余，记 0 分
所影响整个电网自动化系统业务	40%	无人值守，影响网调、中调及地调调控，记 10 分
		有人值守，影响网调、中调及地调调控，记 8 分
		影响中调及地调调控，记 8 分
		影响地调调控、县调监视，记 6 分
		影响县调调控，记 3 分
所属电网电压等级	30%	500kV，记 10 分
		220kV，记 8 分
		110kV，记 6 分
		35kV，记 4 分

4. 远动装置风险的计算及处理原则

综合考虑远动装置发生故障的概率和重要性，计算出远动装置的风险值［式（2-3）］，再依据风险值划分设备等级。设备评估完成后，使用表 2-6

对其状态评价与风险评估结果进行登记。

（三）对时系统风险评估

1．对时系统的状态评价

变电站自动化对时系统的状态评价，按风险评估总体流程，需进行投运前状况、历史运行状况、检修状况、实时运行状况、其他因素五维度状态量分析及状态量指标选取。对时系统状态评价模型如图 2－4 所示。

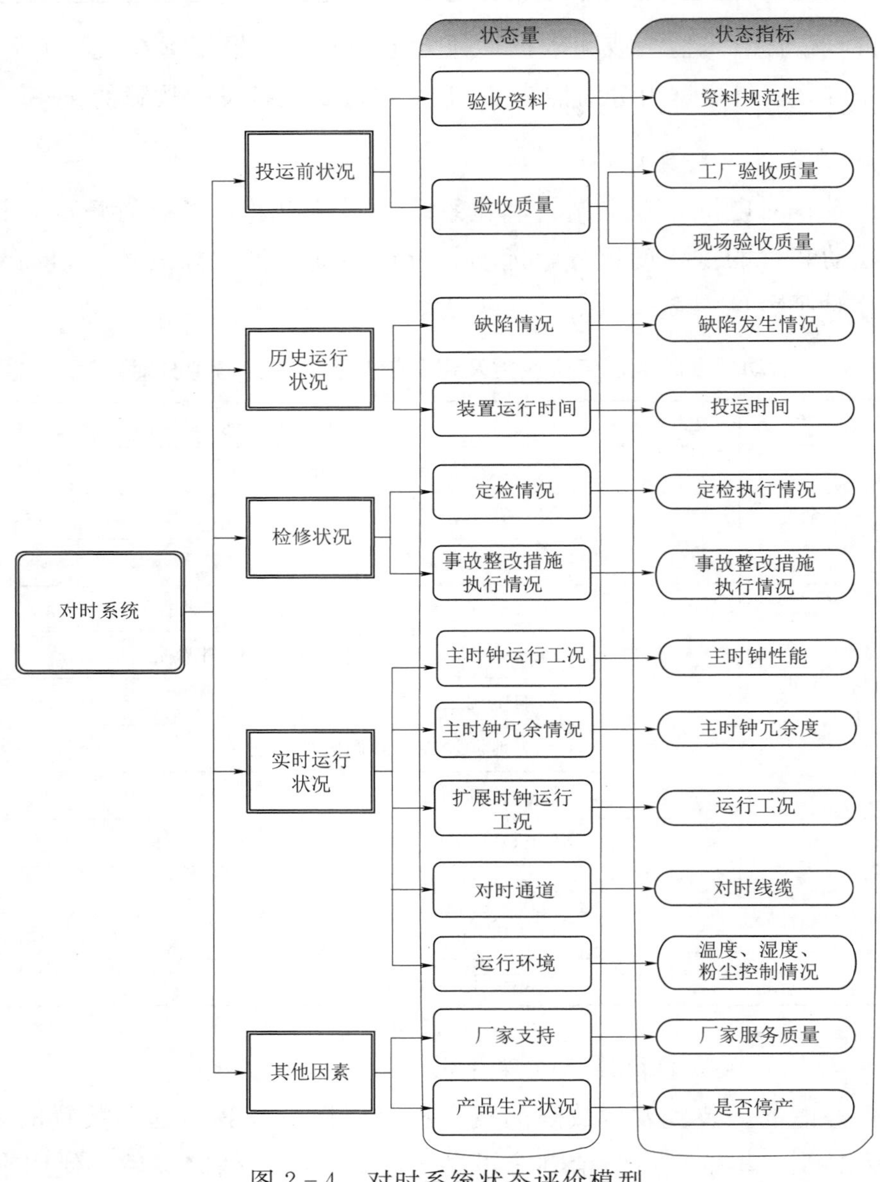

图 2－4 对时系统状态评价模型

2. 对时系统状态量、指标权重及评分设置

关键指标确定后，根据各维度关键指标数量以及可能对对时系统的影响程度，对各维度进行权重赋值，维度的权重和为1；再给各维度内关键指标分配占比，各指标在维度内占比和为1。对时系统维度权重及关键指标权重和评分简易参考经验值见表2-9。实际应用中，评估者可根据现场设备的实际情况对各类赋值进行调整。

表2-9　对时系统维度权重及关键指标权重和评分简易参考经验值表

评价维度	维度权重	评价指标	状态量指标权重	评价标准	评分
投运前状况	10%	资料规范性	40%	满足，记10分	
				基本满足，记5分	
				不满足，记0分	
		工厂验收质量（是否满足验收规范要求）	30%	满足，记10分	
				不满足，记0分	
		现场验收质量（是否满足验收规范要求）	30%	满足，记10分	
				不满足，记0分	
历史运行状况	20%	缺陷情况	60%	无缺陷情况，记10分	
				曾经发生过一般缺陷，记8分	
				曾经发生过重大缺陷，或发生多于1次一般缺陷，记6分	
				曾经发生过紧急缺陷，或发生多于1次重大缺陷，记4分	
				1年内发生过1次未消除的重大缺陷，或2次未消除的一般缺陷，记2分	
				1年内发生过1次以上未消除的紧急缺陷，或2次以上未消除的重大缺陷，记0分	
		投运时间	40%	运行不足1年，记8分	
				1～3年，记10分	
				4～5年，记8分	
				6～7年，记5分	
				8～9年，记3分	
				10年以上，记0分	

续表

评价维度	维度权重	评价指标	状态量指标权重	评价标准	评分
检修状况	10%	定检执行情况	60%	定检执行，记10分；未执行，记0分	
		事故整改措施执行情况（根据电网内发布的对时系统事故拟定的整改措施）	40%	完全执行，记10分；未执行，记0分	
实时运行状况	50%	主时钟运行工况：时钟精度小于1μs	35%	运行工况良好，记10分	
				指示灯不亮，装置运行正常，记8分	
				装置或接线端子锈蚀严重，名称标志不明、不完全正确，记6分	
				装置出现告警信息，记4分	
				天线位置安装不正确，装置对时精度偏高，记2分	
				主钟装置故障，记0分	
		系统冗余度	20%	北斗卫星导航系统+GPS双套冗余，记10分	
				北斗卫星导航系统+GPS单套冗余，记6分	
				双GPS冗余，记4分	
				单套GPS或北斗卫星导航系统，记0分	
		扩展时钟运行工况：时钟精度小于1ms	20%	运行工况良好，记10分	
				指示灯不亮，装置运行正常，记8分	
				装置或接线端子锈蚀严重，名称标志不明、不完全正确，记6分	
				装置出现告警信息，记4分	
				装置对时精度偏差，记2分	
				扩展装置故障，记0分	
		对时线缆	20%	标志规范、清晰，接线稳固，记10分	
				每出现1处手写的标志或模糊无法辨识的标志，扣1分	
				每出现1处错误标志，扣3分	
				每出现1处接线松动，扣2分	
				每出现1处接线错误或线缆不通，扣5分	
		运行环境：温度宜在15～35℃范围内，温度变化率每小时不宜超过±2℃，相对湿度宜为45%～75%，粉尘每升空气中不小于0.5μm的尘粒数应少于18000粒	5%	满足，记10分	
				部分满足，记5分	
				不满足，记0分	

续表

评价维度	维度权重	评价指标	状态量指标权重	评价标准	评分
其他因素	10%	厂家支持服务质量	50%	好，记 10 分	
				中，记 5 分	
				差，记 0 分	
		产品是否停产	50%	否，记 10 分	
				是，记 0 分	

评价时指标若未监测或无数据，评分记为 0 分。根据对时系统实际状况，评价计算得分，再根据得分对照表 2-2 查找得到设备发生故障的概率。

3. 对时系统重要性评估

依据设备对电网、变电站自动化系统的影响以及设备配置情况，评估计算对时系统的重要度评分，对时系统重要度评价权重及评分值简易参考经验评分对照表见表 2-10。实际应用中，评估者可根据现场设备的实际情况对各类赋值进行调整。

表 2-10　对时系统重要度评价权重及评分值简易参考经验评分对照表

关注因素	要素权重	取值标准
所影响整个电网自动化系统业务	40%	时间发生错误，影响网调、省调及地调监控，记 10 分
		时间发生错误，影响省调及地调监控，记 8 分
		时间发生错误，影响地调监控，记 6 分
		时间发生错误，影响县调监控，记 4 分
所属电网电压等级	100%	500kV，记 10 分
		220kV，记 8 分
		110kV，记 6 分
		35kV，记 4 分

4. 对时系统风险的计算及处理原则

综合考虑对时系统发生故障的概率和重要性，计算出对时系统的风险值[式（2-3）]，再依据风险值划分系统等级。系统评估完成后，使用表 2-6 对其状态评价与风险评估结果进行登记。

（四）UPS 系统风险评估

1. UPS 系统的状态评价

变电站自动化 UPS 系统的状态评价，按风险评估总体流程，需进行投运前状况、历史运行状况、检修状况、实时运行状况、其他因素五维度状态量分析及状态量指标选取。UPS 系统状态评价模型如图 2-5 所示。

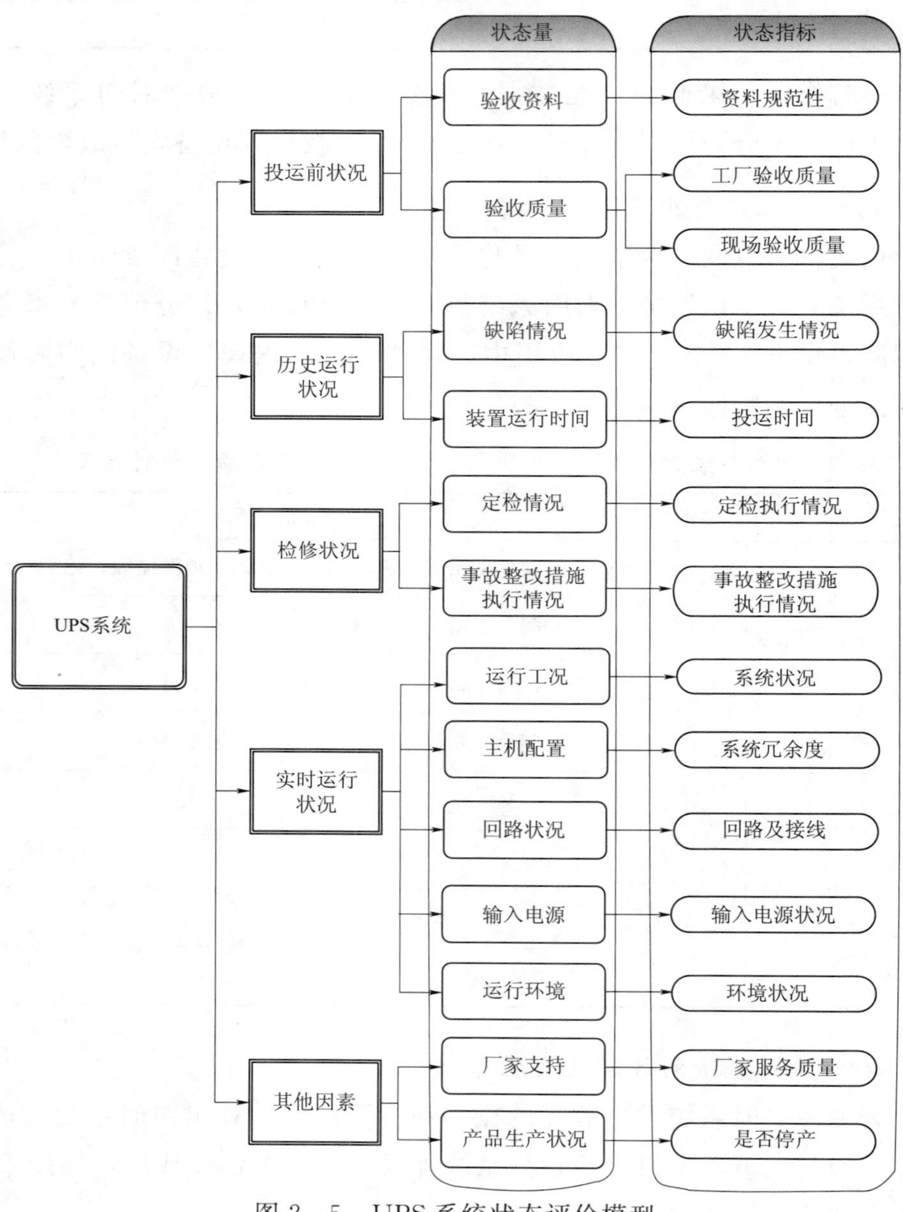

图 2-5 UPS 系统状态评价模型

2. UPS 系统状态权重设置

关键指标确定后，根据各维度关键指标数量以及可能对 UPS 系统的影响程度，对各维度进行权重赋值，维度的权重和为 1；再给各维度内关键指标分配占比，各指标在维度内占比和为 1。UPS 系统维度权重及关键指标权重和评分简易参考经验值见表 2－11。实际应用中，评估者可根据现场设备的实际情况对各类赋值进行调整。

表 2－11 UPS 系统维度权重及关键指标权重和评分简易参考经验值表

评价维度	维度权重	评价指标	状态量指标权重	评价标准	评分
投运前状况	10%	资料规范性	40%	满足，记 10 分	
				基本满足，记 5 分	
				不满足，记 0 分	
		工厂验收质量（是否满足验收规范要求）	30%	满足，记 10 分	
				不满足，记 0 分	
		现场验收质量（是否满足验收规范要求）	30%	满足，记 10 分	
				不满足，记 0 分	
历史运行状况	20%	缺陷情况	60%	无缺陷情况，记 10 分	
				曾经发生过一般缺陷，记 8 分	
				曾经发生过重大缺陷，或发生多于 1 次一般缺陷，记 6 分	
				曾经发生过紧急缺陷，或发生多于 1 次重大缺陷，记 4 分	
				1 年内发生过 1 次未消除的重大缺陷，或 2 次未消除的一般缺陷，记 2 分	
				1 年内发生过 1 次以上未消除的紧急缺陷，或 2 次以上未消除的重大缺陷，记 0 分	
		投运时间	40%	运行不足 1 年，记 8 分	
				1～3 年，记 10 分	
				4～5 年，记 8 分	
				6～7 年，记 5 分	
				8～9 年，记 3 分	
				10 年以上，记 0 分	

续表

评价维度	维度权重	评价指标	状态量指标权重	评价标准	评分
检修状况	10%	定检执行情况	60%	定检执行，记10分；未执行，记0分	
		事故整改措施执行情况（根据电网内发布的UPS系统事故拟定的整改措施）	40%	完全执行，记10分；未执行，记0分	
实时运行状况	50%	运行工况	40%	运行工况良好，记10分	
				指示灯不亮，装置运行正常，记8分	
				装置或接线端子锈蚀严重，名称标志不明、不完全正确，记6分	
				装置出现告警信息，记4分	
				输出电压不满足要求，记2分	
				主机故障，记0分	
		系统冗余度	25%	双机双母，系统容量、电池容量大于现场使用容量20%及以上，记10分	
				双机双母，系统容量、电池容量满足现场使用容量，记6分	
				单机配置，双机配置处于单机工作状态，记2分	
				主机故障，记0分	
		回路及接线	20%	标志规范、清晰，接线稳固，绝缘状况良好，记10分	
				每出现1处手写的标志或模糊无法辨识的标志，扣1分	
				每出现1处错误标志，扣3分	
				每出现1处接线松动，扣2分	
				每出现1处接线错误、线缆不通、绝缘不良，扣5分	
		环境状况：温度宜在15～35℃范围内，温度变化率每小时不宜超过±2℃，相对湿度宜为45%～75%，任何情况下无凝露，也不结冰	15%	满足，记10分	
				部分满足，记5分	
				不满足，记0分	

续表

评价维度	维度权重	评价指标	状态量指标权重	评价标准	评分
其他因素	10%	厂家支持服务质量	50%	好，记10分	
				中，记5分	
				差，记0分	
		产品是否停产	50%	否，记10分	
				是，记0分	

评价时指标若未监测或无数据，评分记为0分。根据UPS系统实际状况，评价计算得分，再根据得分再对照表2-2查找得到设备发生故障的概率。

3. UPS系统重要度评估

依据设备对电网、变电站自动化系统的影响以及设备配置情况，评估计算UPS系统的重要度评分，UPS系统重要度评价权重及评分值简易参考经验评分对照表见表2-12。实际应用中，评估者可根据现场设备的实际情况对各类赋值进行调整。

表2-12 UPS系统重要度评价权重及评分值简易参考经验评分对照表

关注因素	要素权重	取值标准
所影响整个电网自动化系统业务	60%	因UPS故障影响实时监控任务，记10分
		因UPS故障影响实时监视任务，记8分
		因UPS故障影响分析应用任务，记6分
		因UPS故障影响非实时监视任务，记4分
所属电网电压等级	40%	500kV，记10分
		220kV，记8分
		110kV，记6分
		35kV，记4分

4. UPS系统风险的计算及处理原则

综合考虑UPS系统发生故障的概率和重要性，计算出UPS系统的风险值［式（2-3）］，再依据风险值划分系统等级。系统评估完成后，使用表2-6对其状态评价与风险评估结果进行登记。

（五）五防系统风险评估

1. 五防系统的状态评价

五防系统的状态评价，按风险评估总体流程，需对五防系统进行投运前状况、历史运行状况、维护保养状况、实时运行状况、其他因素五维度状态量分析及状态量指标选取。五防系统状态评价模型如图 2－6 所示。

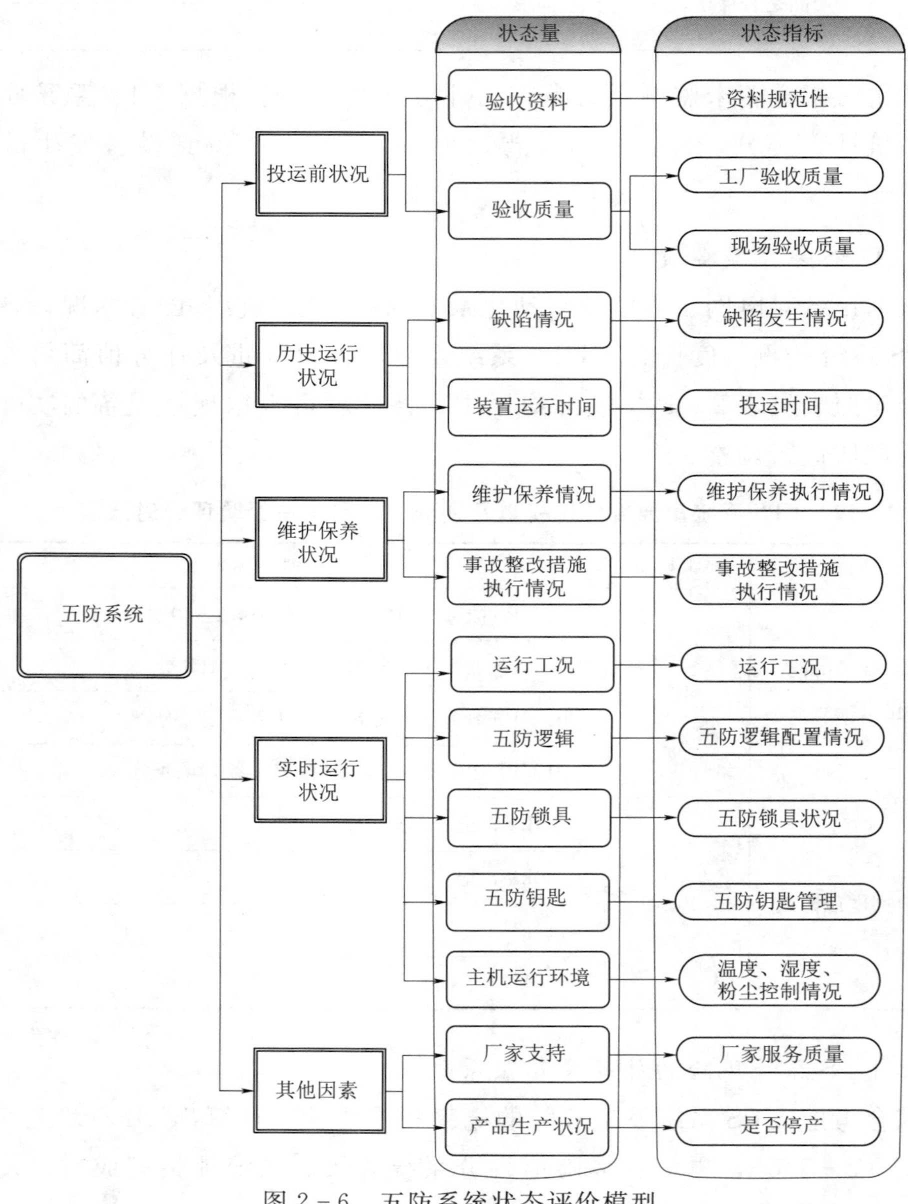

图 2－6 五防系统状态评价模型

2. 五防系统状态量、指标权重及评分设置

关键指标确定后，根据各维度关键指标数量以及可能对五防系统的影响程度，对各维度进行权重赋值，维度的权重和为1；再给各维度内关键指标分配占比，各指标在维度内占比和为1。五防系统维度权重及关键指标权重和评分简易参考经验值见表2－13。实际应用中，评估者可根据现场设备的实际情况对各类赋值进行调整。

表2－13　五防系统维度权重及关键指标权重和评分简易参考经验值表

评价维度	维度权重	评价指标	状态量指标权重	评价标准	评分
投运前状况	10%	资料规范性	40%	满足，记10分	
				基本满足，记5分	
				不满足，记0分	
		工厂验收质量（是否满足验收规范要求）	30%	满足，记10分	
				不满足，记0分	
		现场验收质量（是否满足验收规范要求）	30%	满足，记10分	
				不满足，记0分	
历史运行状况	20%	缺陷情况	60%	无缺陷情况，记10分	
				曾经发生过一般缺陷，记8分	
				曾经发生过重大缺陷，或发生多于1次一般缺陷，记6分	
				曾经发生过紧急缺陷，或发生多于1次重大缺陷，记4分	
				1年内发生过1次未消除的重大缺陷，或2次未消除的一般缺陷，记2分	
				1年内发生过1次以上未消除的紧急缺陷，或2次以上未消除的重大缺陷，记0分	
		投运时间	40%	运行不足1年，记8分	
				1～3年，记10分	
				4～5年，记8分	
				6～7年，记5分	
				8～9年，记3分	
				10年以上，记0分	

续表

评价维度	维度权重	评价指标	状态量指标权重	评价标准	评分
维护保养状况	10%	维护保养执行情况	40%	定检执行，记10分；未执行，记0分	
		事故整改措施执行情况（根据电网内发布的五防系统事故拟定的整改措施）	60%	完全执行，记10分；未执行，记0分	
实时运行状况	50%	运行工况	20%	运行工况良好，记10分	
				指示灯不亮，装置运行正常，记8分	
				装置连线混乱，名称标志不明、不完全正确，记6分	
				装置出现告警信息，记3分	
				主机故障，记0分	
		五防逻辑配置情况	25%	五防逻辑配置完整、正确，记10分	
				五防逻辑漏1条，扣2分	
				五防逻辑错1条，扣5分	
		五防锁具状况	20%	标志规范、清晰，屏柜锁孔接线稳固，现场锁具完好，无锈蚀卡涩，记10分	
				每出现1处手写的标志或模糊无法辨识的标志，扣1分	
				每出现1处错误标志，扣3分	
				每出现1处锁具卡涩，扣2分	
				每出现1处锁具未按规定闭锁，扣5分	
		五防钥匙管理	20%	五防钥匙管理规范，人员权限安排合理，记10分	
				五防钥匙管理混乱，人员权限安排不合理，记0分	
		主机运行环境：温度宜在15～35℃范围内，温度变化率每小时不宜超过±2℃，相对湿度宜为45%～75%，粉尘每升空气中不小于0.5μm的尘粒数应少于18000粒	15%	满足，记10分	
				部分满足，记5分	
				不满足，记0分	

续表

评价维度	维度权重	评价指标	状态量指标权重	评价标准	评分
其他因素	10%	厂家支持服务质量	50%	好，记 10 分	
				中，记 5 分	
				差，记 0 分	
		产品是否停产	50%	否，记 10 分	
				是，记 0 分	

评价时指标若未监测或无数据，评分记为 0 分。根据五防系统实际状况，评价计算得分，再根据得分对照表 2－2 查找得到设备发生故障的概率。

3. 五防系统重要性评估

依据设备对电网、变电站自动化系统的影响以及设备配置情况，评估计算五防系统的重要度评分，五防系统重要度评价权重及评分值简易参考经验评分对照表见表 2－14。实际应用中，评估者可根据现场设备的实际情况对各类赋值进行调整。

表 2－14　五防系统重要度评价权重及评分值简易参考经验评分对照表

关注因素	要素权重	取值标准
所影响整个电网自动化系统业务	60%	闭锁设备未配置机械锁、电子闭锁，记 10 分
		闭锁主设备配置机械锁、无电子闭锁，记 8 分
		闭锁大部分设备配置机械锁或电子闭锁，记 6 分
		闭锁设备机械锁、电子闭锁配置完备，记 4 分
所属电网电压等级	40%	500kV，记 10 分
		220kV，记 8 分
		110kV，记 6 分
		35kV，记 4 分

4. 五防系统风险的计算及处理原则

综合考虑五防系统发生故障的概率和重要性，计算出五防系统的风险值［按式（2－3）］，再依据风险值划分系统等级。系统评估完成后，使用表 2－6对其状态评价与风险评估结果进行登记。

二、间隔层设备风险评估

（一）PMU 装置风险评估

1. PMU 装置的状态评价

PMU 装置的状态评价，按风险评估总体流程，需进行投运前状况、历史运行状况、维护保养状况、实时运行状况、其他因素五维度状态量分析及状态量指标选取。PMU 装置状态评价模型如图 2-7 所示。

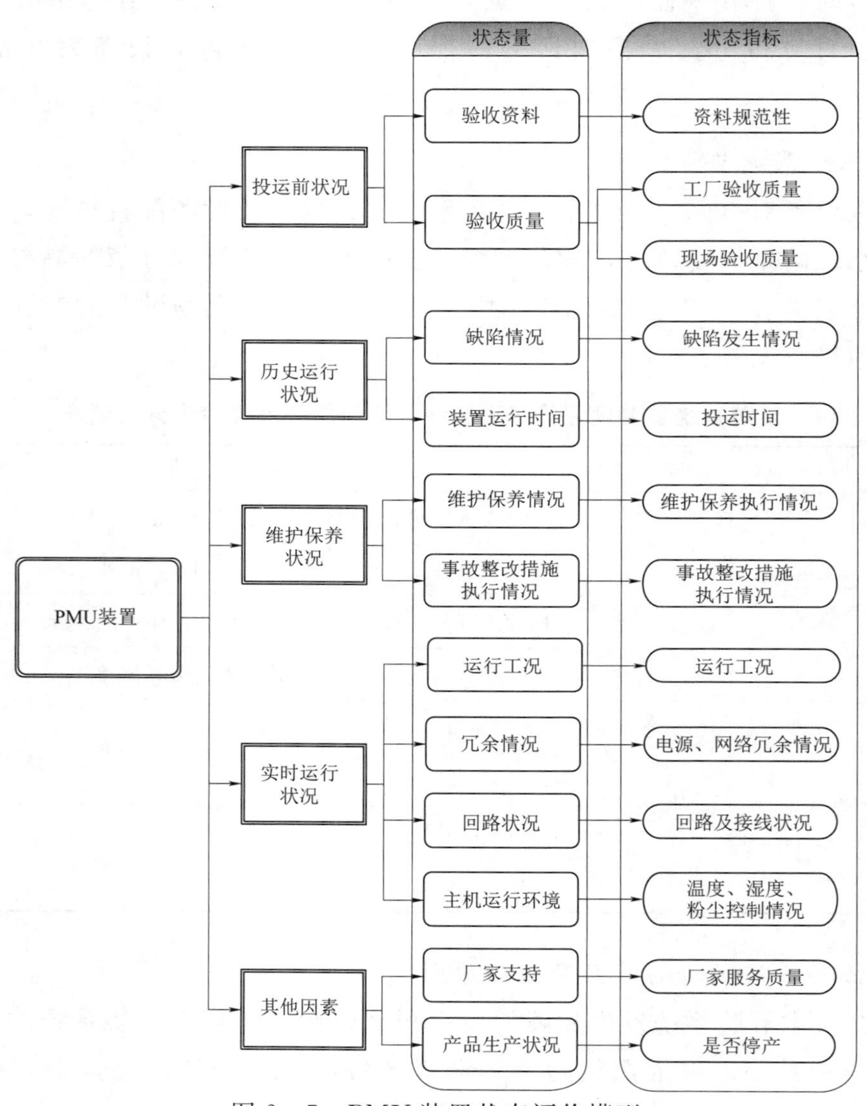

图 2-7　PMU 装置状态评价模型

2. PMU装置状态、指标权重及评分设置

关键指标确定后，根据各维度关键指标数量以及可能对PMU装置的影响程度，对各维度进行权重赋值，维度的权重和为1；再给各维度内关键指标分配占比，各指标在维度内占比和为1。PMU装置维度权重及关键指标权重和评分简易参考经验值见表2-15。实际应用中评估者可根据现场设备的实际情况对各类赋值进行调整。

表2-15 PMU装置维度权重及关键指标权重和评分简易参考经验值表

评价维度	维度权重	评价指标	状态量指标权重	评价标准	评分
投运前状况	10%	资料规范性	40%	满足，记10分	
				基本满足，记5分	
				不满足，记0分	
		工厂验收质量（是否满足验收规范要求）	30%	满足，记10分	
				不满足，记0分	
		现场验收质量（是否满足验收规范要求）	30%	满足，记10分	
				不满足，记0分	
历史运行状况	20%	缺陷情况	60%	无缺陷情况，记10分	
				曾经发生过一般缺陷，记8分	
				曾经发生过重大缺陷，或发生多于1次一般缺陷，记6分	
				曾经发生过紧急缺陷，或发生多于1次重大缺陷，记4分	
				1年内发生过1次未消除的重大缺陷，或2次未消除的一般缺陷，记2分	
				1年内发生过1次以上未消除的紧急缺陷，或2次以上未消除的重大缺陷，记0分	
		投运时间	40%	运行不足1年，记8分	
				运行1～5年，记10分	
				运行5～6年，记6分	
				运行7～8年，记4分	
				运行9～10年，记1分	
				运行10年以上，记0分	

续表

评价维度	维度权重	评价指标	状态量指标权重	评价标准	评分
维护保养状况	10%	维护保养执行情况	60%	维护保养每年按期，记 10 分；未执行，记 0 分	
		事故整改措施执行情况（电网内发布的 PMU 装置事故，拟定的整改措施）	40%	完全执行，记 10 分；未执行，记 0 分	
实时运行状况	50%	运行工况	35%	运行工况良好，记 10 分	
				指示灯不亮，装置运行正常，记 8 分	
				装置连线混乱，名称标志不明、不完全正确，记 6 分	
				装置出现告警信息，记 3 分	
				装置故障，记 0 分	
		装置性能：动态数据的保存时间＞14 天，电压、电流相量幅值测量误差＜0.2%，有功功率和无功功率的测量误差＜0.5%，时钟同步误差＜±1μs，输入电压相角测量误差极限＜0.5°，失去同步时钟信号 60 分钟以内，模拟量输入方式的同步相量测量装置的相角测量误差的增量应不大于 1°（对应于 55μs）	20%	各指标优于极限指标，记 10 分	
				有一项指标接近临界指标，扣 2 分	
				有一项指标超过标准指标，扣 5 分	
		回路状况	30%	回路正确，标志规范、清晰，接线紧固，记 10 分	
				每出现 1 处手写的标志或模糊无法辨识的标志，扣 1 分	
				每出现 1 处错误标志，扣 3 分	
				每出现 1 处接线松动，扣 3 分	
				每出现 1 处接线错误，扣 5 分	
				每出现 1 处回路绝缘小于 2MΩ，扣 5 分	
		主机运行环境：温度宜在 15～35℃范围内，温度变化率每小时不宜超过±2℃，相对湿度宜为 45%～75%，粉尘每升空气中不小于 0.5μm 的尘粒数应少于 18000 粒	15%	满足，记 10 分	
				部分满足，记 5 分	
				不满足，记 0 分	

续表

评价维度	维度权重	评价指标	状态量指标权重	评 价 标 准	评分
其他因素	10%	厂家支持服务质量	50%	好，记 10 分	
				中，记 5 分	
				差，记 0 分	
		产品是否停产	50%	否，记 10 分	
				是，记 0 分	

评价时指标若未监测或无数据，评分记为 0 分。根据 PMU 装置实际状况，评价计算得分，再根据得分对照表 2-2 查找得到设备发生故障的概率。

3. PMU 装置重要度评估

依据设备对电网、变电站自动化系统的影响以及设备配置情况，评估计算 PMU 装置的重要度评分，PMU 装置重要度评价权重及评分值简易参考经验评分对照表见表 2-16。实际应用中，评估者可根据现场设备的实际情况对各类赋值进行调整。

表 2-16 PMU 装置重要度评价权重及评分值简易参考经验评分对照表

关 注 因 素	要素权重	取 值 标 准
所影响整个电网自动化系统业务	60%	影响上传总调数据，记 10 分
		影响上传省调数据，记 6 分
所属电网电压等级（根据所采集量值电压等级确定电压等级）	40%	500kV，记 10 分
		220kV，记 8 分
		110kV，记 6 分
		35kV，记 4 分

4. PMU 装置风险的计算及处理原则

综合考虑 PMU 装置发生故障的概率和重要性，计算出 PMU 装置的风险值［式（2-3）］，再依据风险值划分系统等级。设备评估完成后，使用表 2-6 对其状态评价与风险评估结果进行登记。

（二）测控装置风险评估

1. 测控装置的状态评价

测控装置的状态评价，按风险评估总体流程，需进行投运前状况、历史运行状况、检修状况、实时运行状况、其他因素五维度状态量分析及状态量指标选取。测控装置状态评价模型如图 2-8 所示。

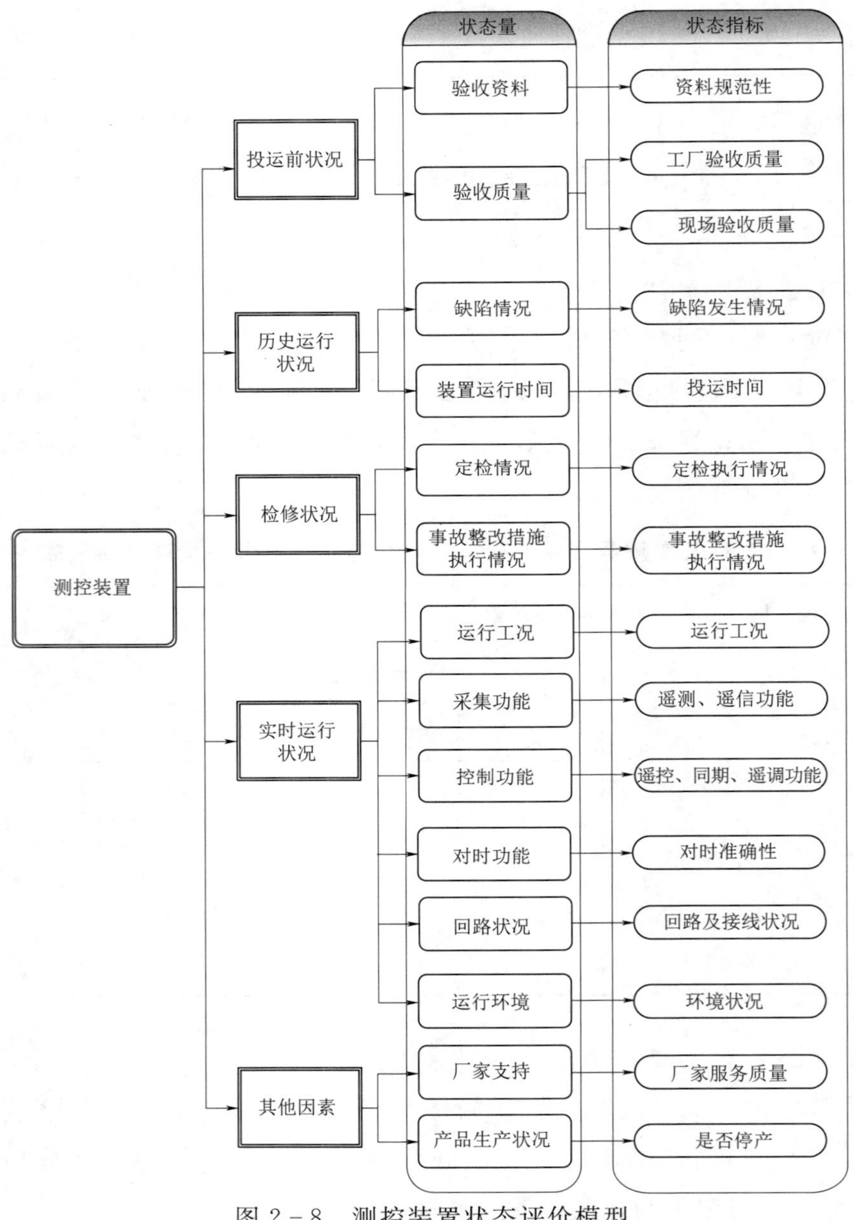

图 2-8 测控装置状态评价模型

2. 测控装置状态量、指标权重及评分设置

关键指标确定后，根据各维度关键指标数量以及可能对测控装置的影响程度，对各维度进行权重赋值，维度的权重和为1；再给各维度内关键指标分配占比，各指标在维度内占比和为1。测控装置维度权重及关键指标权重和评分简易参考经验值见表2-17。实际应用中，评估者可根据现场设备的实际情况对各类赋值进行调整。

表2-17　测控装置维度权重及关键指标权重和评分简易参考经验值表

评价维度	维度权重	评价指标	状态量指标权重	评价标准	评分
投运前状况	10%	资料规范性	40%	满足，记10分	
				基本满足，记5分	
				不满足，记0分	
		工厂验收质量（是否满足验收规范要求）	30%	满足，记10分	
				不满足，记0分	
		现场验收质量（是否满足验收规范要求）	30%	满足，记10分	
				不满足，记0分	
历史运行状况	20%	缺陷情况	60%	无缺陷情况，记10分	
				曾经发生过一般缺陷，记8分	
				曾经发生过重大缺陷，或发生多于1次一般缺陷，记6分	
				曾经发生过紧急缺陷，或发生多于1次重大缺陷，记4分	
				1年内发生过1次未消除的重大缺陷，或2次未消除的一般缺陷，记2分	
				1年内发生过1次以上未消除的紧急缺陷，或2次以上未消除的重大缺陷，记0分	
		投运时间	40%	运行不足1年，记8分	
				运行1～5年，记10分	
				运行5～6年，记6分	
				运行7～8年，记4分	
				运行9～10年，记1分	
				运行10年以上，记0分	

续表

评价维度	维度权重	评价指标	状态量指标权重	评价标准	评分
检修状况	10%	定检执行情况	60%	每6年开展定检1次，执行，记10分；未执行，记0分	
		事故整改措施执行情况（根据电网内发布的测控装置事故拟定的整改措施）	40%	完全执行，记10分；未执行，记0分	
实时运行状况	50%	运行工况	16%	运行工况良好，记10分	
				指示灯不亮，装置运行正常，记8分	
				装置连线混乱，名称标志不明、不完全正确，记6分	
				装置出现告警信息，记3分	
				装置故障，记0分	
		采集功能：遥测采样精度要求（U、I）偏差不大于0.2%；（P、Q、$\cos\theta$）偏差不大于0.5%，母线电压偏差不大于0.1%；F偏差不大于0.01Hz；遥信量SOE分辨率不大于2ms	20%	各指标优于极限指标，记10分	
				有一项指标接近临界指标，扣2分	
				有一项指标超过标准指标，扣5分	
		控制功能：控制的正确率应为100%，控制的成功率应不小于99.99%	24%	满足控制要求，记10分	
				不满足控制要求，记0分	
		对时功能：误差应不大于±1ms	14%	对时使用IRIG-B码，精度满足要求，记10分	
				未使用IRIG-B码，精度满足要求，记8分	
				精度不满足要求，记0分	
		回路状况	22%	回路正确，标志规范、清晰，接线紧固，记10分	
				每出现1处手写的标志或模糊无法辨识的标志，扣1分	
				每出现1处错误标志，扣3分	
				每出现1处接线松动，扣3分	
				每出现1处接线错误，扣5分	
				每出现1处回路绝缘小于2MΩ，扣5分	
				出现直流接地，扣10分	
		环境状况：温度宜在15~35℃范围内，温度变化率每小时不宜超过±2℃，相对湿度宜为45%~75%，任何情况下无凝露，也不结冰	4%	满足，记10分	
				部分满足，记5分	
				不满足，记0分	

续表

评价维度	维度权重	评价指标	状态量指标权重	评 价 标 准	评分
其他因素	10%	厂家支持服务质量	50%	好，记10分	
				中，记5分	
				差，记0分	
		产品是否停产	50%	否，记10分	
				是，记0分	

根据测控装置实际状况，评价计算得分，再根据得分对照表2.2查找对应的系统发生故障的概率。

3. 测控装置重要性评估

依据设备对电网、变电站自动化系统的影响以及设备配置情况，评估计算测控装置的重要度评分，测控装置重要度评价权重及评分值简易参考经验评分对照表见表2-18。实际应用中，评估者可根据现场设备的实际情况对各类赋值进行调整。

表2-18 测控装置重要度评价权重及评分值简易参考经验评分对照表

关 注 因 素	要素权重	取 值 标 准
所影响整个电网自动化系统业务	60%	影响总调监控信息，记10分
		影响省调监控信息，记8分
		影响地调监控信息，记6分
		影响县调监控信息，记4分
所属电网电压等级（根据所采集量值电压等级确定电压等级）	40%	500kV，记10分
		220kV，记8分
		110kV，记6分
		35kV，记4分

4. 测控装置风险的计算及处理原则

综合考虑测控装置发生故障的概率和重要性，计算出测控装置的风险值［式（2-3）］，再依据风险值划分系统等级。设备评估完成后，使用表2-6对其状态评价与风险评估结果进行登记。

三、其他设备风险评估

（一）网络设备风险评估

变电站自动化系统网络设备通常包含交换机、集线器、光电转换器、路由器。各网络设备故障后自行维修较为困难，一般采用返厂修理、更换模块或是整体更换的方式进行故障处理。为简化操作流程，此类设备风险评估可采用统一的模型进行评估。

1. 网络设备的状态评价

网络设备的状态评价由状态量权重分配和状态量指标评价两个维度组成。所有状态量权重之和为1，状态量指标评价以量化计分的方式进行评价。网络设备状态评价模型如图2-9所示。

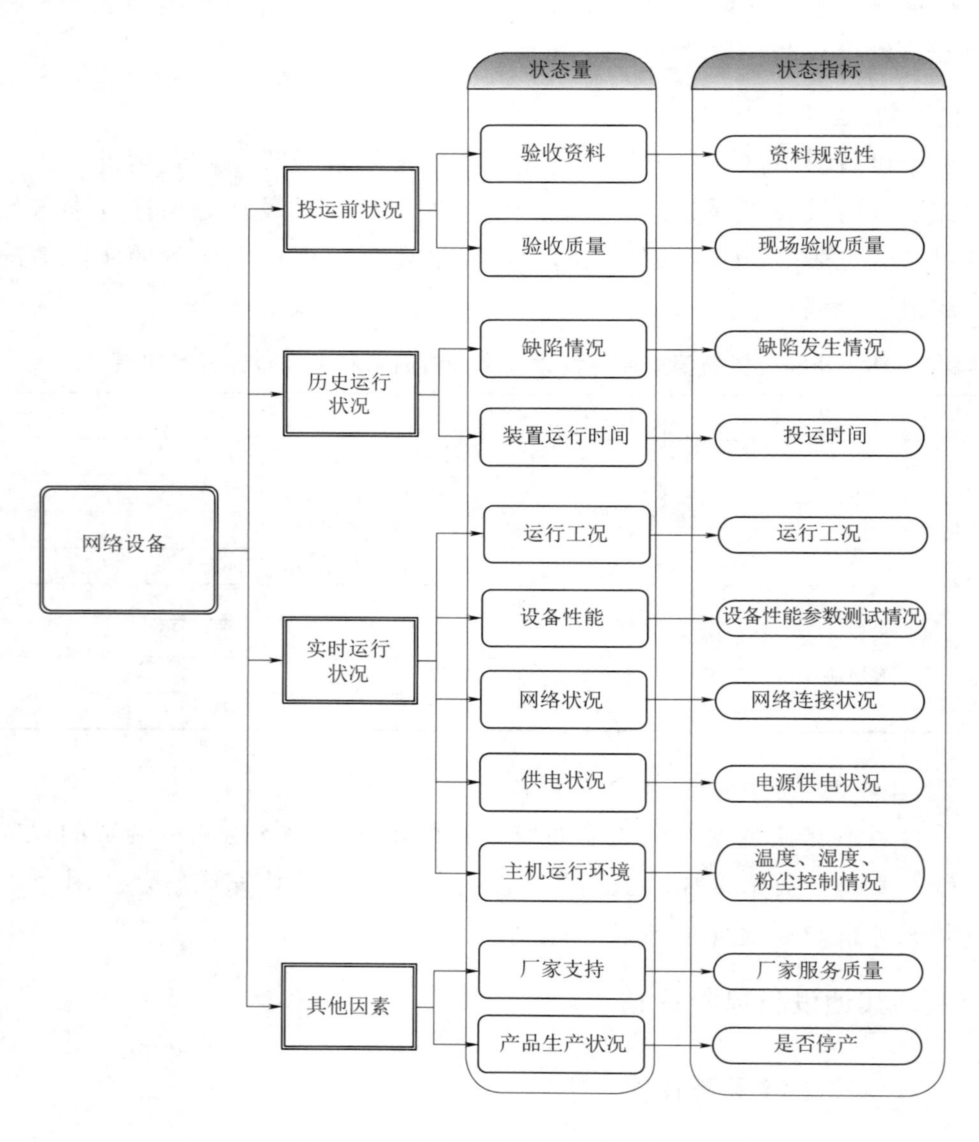

图2-9 网络设备状态评价模型

2. 网络设备状态、指标权重及评分设置

关键指标确定后，根据各维度关键指标数量以及可能对网络设备的影响程度，对各维度进行权重赋值，维度的权重和为 1；再给各维度内关键指标分配占比，各指标在维度内占比和为 1。网络设备维度权重及关键指标权重和评分简易参考经验值见表 2-19。实际应用中，评估者可根据现场设备的实际情况对各类赋值进行调整。

表 2-19　网络设备维度权重及关键指标权重和评分简易参考经验值表

评价维度	维度权重	评价指标	状态量指标权重	评价标准	评分
投运前状况	15%	资料规范性	40%	满足，记 10 分	
				基本满足，记 5 分	
				不满足，记 0 分	
		现场验收质量（是否满足验收规范要求）	60%	满足，记 10 分	
				不满足，记 0 分	
历史运行状况	30%	缺陷发生情况	40%	无缺陷情况，记 10 分	
				曾经发生过一般缺陷，记 8 分	
				曾经发生过重大缺陷，或发生多于 1 次一般缺陷，记 6 分	
				曾经发生过紧急缺陷，或发生多于 1 次重大缺陷，记 4 分	
				1 年内发生过 1 次未消除的重大缺陷，或 2 次未消除的一般缺陷，记 2 分	
				1 年内发生过 1 次以上未消除的紧急缺陷，或 2 次以上未消除的重大缺陷，记 0 分	
		投运时间	60%	运行不足 1 年，记 8 分	
				运行 1～5 年，记 10 分	
				运行 5～6 年，记 6 分	
				运行 7～8 年，记 4 分	
				运行 9～10 年，记 1 分	
				运行 10 年以上，记 0 分	

续表

评价维度	维度权重	评价指标	状态量指标权重	评价标准	评分
实时运行状况	45%	运行工况	25%	运行工况良好，记10分	
				指示灯不亮，装置运行正常，记8分	
				装置连线不规范，名称标志不明、不完全正确。记6分	
				装置出现告警信息，记3分	
				装置故障，记0分	
		网络连接状况	20%	网络通信正常，接线规范，线缆卡接紧固无松动，记10分	
				网络通信正常，接线不规范，线缆卡接有松动，记5分	
				网络通信不正常，记0分	
		设备性能参数测试情况：主要测试指标有吞吐量、丢包率、背靠背等	25%	性能指标达标，记10分	
				性能指标不达标，记0分	
		电源供电状况	22%	双电源，直流系统或UPS系统供电，记10分	
				单电源，直流系统或UPS系统供电，记6分	
				双电源，市电供电，记4分	
				单电源，市电供电，记0分	
		主机运行环境：温度宜在15～35℃范围内，温度变化率每小时不宜超过±2℃，相对湿度宜为45%～75%，粉尘每升空气中不小于0.5μm的尘粒数应少于18000粒	8%	满足，记10分	
				部分满足，记5分	
				不满足，记0分	
其他因素	10%	厂家支持服务质量	50%	好，记10分	
				中，记5分	
				差，记0分	
		产品是否停产	50%	否，记10分	
				是，记0分	

评价时指标若未监测或无数据，评分记为 0 分。根据网络设备实际状况，评价计算得分，再根据得分对照表 2－2 查找得到设备发生故障的概率。

3．网络设备重要性评估

依据设备对电网、变电站自动化系统的影响以及设备配置情况，评估计算网络设备的重要度评分，网络设备重要度评价权重及评分值简易参考经验评分对照表见表 2－20。实际应用中，评估者可根据现场设备的实际情况对各类赋值进行调整。

表 2－20　网络设备重要度评价权重及评分值简易参考经验评分对照表

关注因素	要素权重	取值标准
所影响整个电网自动化系统业务	50％	影响总调监控范围，记 10 分
		影响省调监控范围，记 8 分
		影响地调监控范围，记 6 分
		影响县调监控范围，记 4 分
网络冗余状态	30％	单网无冗余，记 10 分
		双网及以上冗余，记 3 分
所属电网电压等级（根据所采集量值电压等级确定电压等级）	20％	500kV，记 10 分
		220kV，记 8 分
		110kV，记 6 分
		35kV，记 4 分

4．网络设备风险的计算及处理原则

综合考虑网络设备发生故障的概率和重要性，计算出网络设备的风险值［式（2－3）］，再依据风险值划分设备等级。设备评估完成后，使用表 2－6 对其状态评价与风险评估结果进行登记。

（二）合并单元风险评估

1．合并单元的状态评价

合并单元的状态评价，按风险评估总体流程，需进行投运前状况、历史运行状况、维护保养状况、实时运行状况、其他因素五维度状态量分析及状态量指标选取。合并单元状态评价模型如图 2-10 所示。

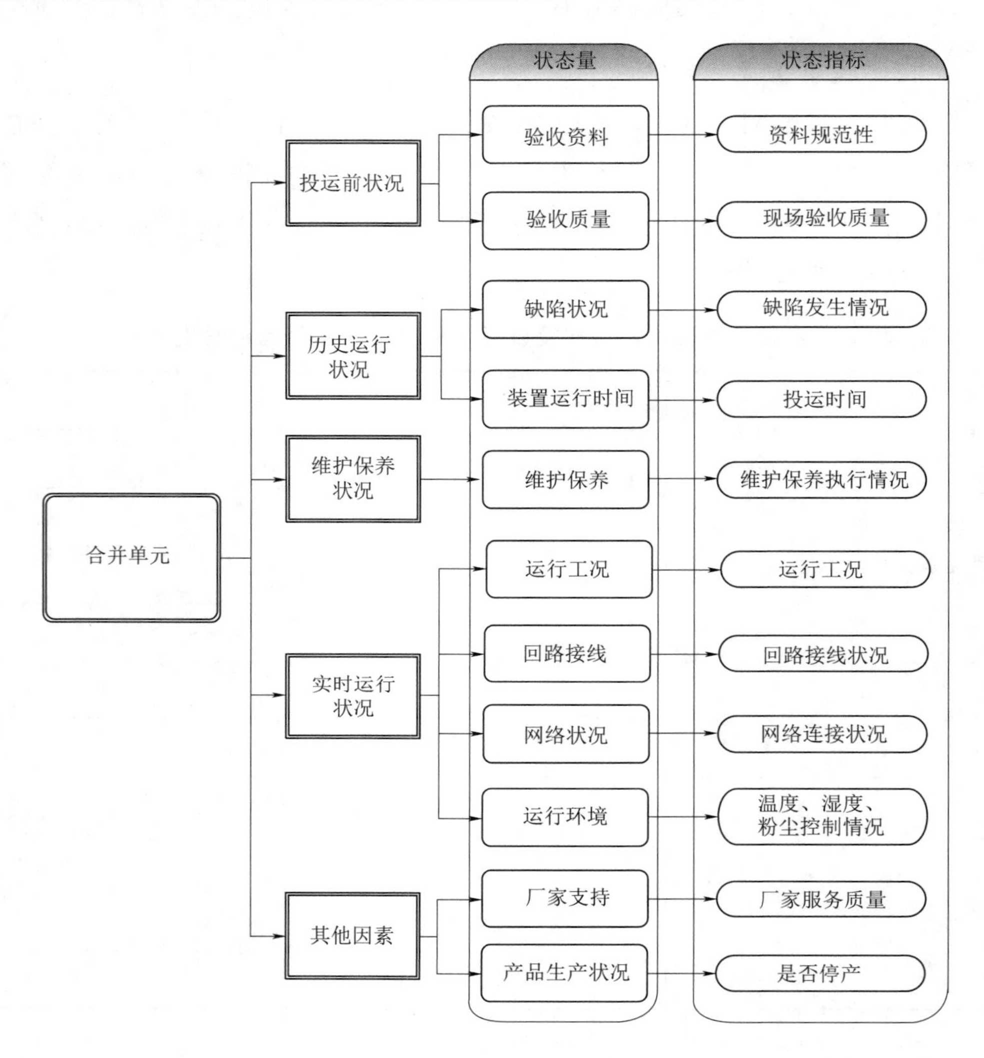

图 2-10 合并单元状态评价模型

2. 合并单元状态量、指标权重及评分设置

关键指标确定后，根据各维度关键指标数量以及可能对合并单元的影响程度，对各维度进行权重赋值，维度的权重和为 1；再给各维度内关键指标分配占比，各指标在维度内占比和为 1。合并单元维度权重及关键指标权重和评分简易参考经验值见表 2-21。实际应用中，评估者可根据现场设备的实际情况对各类赋值进行调整。

表 2-21 合并单元维度权重及关键指标权重和评分简易参考经验值表

评价维度	维度权重	评价指标	状态量指标权重	评价标准	评分
投运前状况	15%	资料规范性	40%	满足，记 10 分	
				基本满足，记 5 分	
				不满足，记 0 分	
		现场验收质量（是否满足验收规范要求）	60%	满足，记 10 分	
				不满足，记 0 分	
历史运行状况	30%	缺陷发生情况	60%	无缺陷情况，记 10 分	
				曾经发生过一般缺陷，记 8 分	
				曾经发生过重大缺陷，或发生多于 1 次一般缺陷，记 6 分	
				曾经发生过紧急缺陷，或发生多于 1 次重大缺陷，记 4 分	
				1 年内发生过 1 次未消除的重大缺陷，或 2 次未消除的一般缺陷，记 2 分	
				1 年内发生过 1 次以上未消除的紧急缺陷，或 2 次以上未消除的重大缺陷，记 0 分	
		投运时间	40%	运行不足 1 年，记 8 分	
				运行 1～5 年，记 10 分	
				运行 5～6 年，记 6 分	
				运行 7～8 年，记 4 分	
				运行 9～10 年，记 1 分	
				运行 10 年以上，记 0 分	
实时运行状况	45%	运行工况	36%	运行工况良好，记 10 分	
				指示灯不亮，装置运行正常，记 8 分	
				装置连线不规范，名称标志不明、不完全正确，记 6 分	
				装置出现告警信息，记 3 分	
				装置故障，记 0 分	
		回路接线状况	20%	回路正确，标志规范、清晰，接线紧固，记 10 分	
				每出现 1 处手写的标志或模糊无法辨识的标志，扣 1 分	
				每出现 1 处错误标志，扣 3 分	
				每出现 1 处接线松动，扣 3 分	
				每出现 1 处接线错误，扣 5 分	
				每出现 1 处回路绝缘小于 2MΩ，扣 5 分	

续表

评价维度	维度权重	评价指标	状态量指标权重	评 价 标 准	评分
实时运行状况	45%	网络连接状况	30%	网络通信正常，接线规范，线缆卡接紧固无松动，记10分	
				网络通信正常，接线不规范，线缆卡接有松动，记5分	
				网络通信不正常，记0分	
		环境状况：温度宜在15～35℃范围内，温度变化率每小时不宜超过±2℃，相对湿度宜为45%～75%，任何情况下无凝露，也不结冰	14%	满足，记10分	
				部分满足，记5分	
				不满足，记0分	
其他因素	10%	厂家支持服务质量	50%	好，记10分	
				中，记5分	
				差，记0分	
		产品是否停产	50%	否，记10分	
				是，记0分	

评价时指标若未监测，或无数据，评分记为0分。根据合并单元实际状况，评价计算得分，再根据得分对照表2-2查找设备发生故障的概率。

3. 合并单元重要性评估

依据设备对电网、变电站自动化系统的影响以及设备配置情况，评估计算合并单元的重要度评分，合并单元重要度评价权重及评分取值简易参考经验评分对照表见表2-22。实际应用中，评估者可根据现场设备的实际情况对各类赋值进行调整。

表2-22 合并单元重要度评价权重及评分值简易参考经验评分对照表

关 注 因 素	要素权重	取 值 标 准
所影响整个电网自动化系统业务	50%	影响总调监控范围，记10分
		影响省调监控范围，记8分
		影响地调监控范围，记6分
		影响县调监控范围，记4分

续表

关注因素	要素权重	取值标准
网络冗余状态	30%	单网无冗余，记10分
		双网及以上冗余，记3分
所属电网电压等级（根据所采集量值电压等级确定电压等级）	20%	500kV，记10分
		220kV，记8分
		110kV，记6分
		35kV，记4分

4. 合并单元风险的计算及处理原则

综合考虑合并单元发生故障的概率和重要性，计算出合并单元的风险值［式（2-3）］，再依据风险值划分系统等级。设备评估完成后，使用表2-6对其状态评价与风险评估结果进行登记。

第三节　变电站自动化系统设备风险控制

变电站自动化系统设备风险控制是在设备风险评估的基础上依据设备风险值的大小将设备进行分级，对不同级别的设备拟定不同的风险控制策略，实现最低的投入，有效管控设备风险，保证设备的正常运行。

设备风险控制策略的具体方式主要是通过对设备状态的监测，及时掌握设备状态，采取相应的控制策略。常用的控制策略主要包括巡视、维护、改造、更换等。

一、变电站自动化系统设备风险控制的基本原则

（一）“三分”管控原则

依据变电站自动化系统设备特征，采取“三分”（分级、分层、分类）的管控原则对设备进行风险控制。首先依据设备风险评估分值，将设备分为四个等级，不同等级设备巡视、维护频次不同。Ⅰ级、Ⅱ级设备，还需要拟定改造、更换计划，通过计划实施消除或降低设备风险等级。管控中依据设备等级的不同，分配不同层次的管控责任人。同类、同级的设备需要统一分类进行管控，确保无遗留。

（二）动态管控原则

（1）动态调整管控级别。当变电站自动化系统调控层级改变、变电站重要等级变化，或设备健康状态发生变化时，应重新评估相关设备重要度和健康度，履行调级程序，调整管控级别，并按照调级后的管控策略开展设备运行维护工作。

（2）强化“三个联动”。变电站自动化系统设备运行维护应与电网运行方式联动、与气象变化联动、与设备运行状态联动。当发布三级及以上电网风险预警、自然灾害预警以及有重要保供电任务、设备健康状况劣化时，应动态调整管控策略，开展特殊设备运行维护工作。

（三）差异化巡维原则

为预控设备风险，提升设备运维质量，设备巡视、维护策略分为日常巡维、特别巡维两大类。

（1）日常巡维包括日常巡视和简单维护，通常由运行人员执行。按设备风险等级合理设置各级巡视周期，巡视中记录各设备的运行状况，定期分析，并针对设备进行数据备份、除尘等必要的简单维护。

（2）特别巡维包括专业巡维、停电维护和动态巡维。专业巡维是指针对Ⅰ级、Ⅱ级设备，邀请原厂家技术人员，开展的设备运行状态检测及缺陷处理工作；停电维护是指结合停电预试定检开展的设备定检、消缺工作；动态巡维是指受电网、设备、气象等因素影响，在特定条件下触发的不定期设备巡视、操作、测试、维护工作。

（四）预防性维护原则

按定检周期开展设备定检维护和主备切换实验，提高设备的可靠性。充分应用缺陷分析和专项治理工作成果，发现和消除设备隐患。

二、变电站自动化系统设备风险控制实施

（一）制定设备运行维护策略

变电站自动化系统设备运维单位根据设备风险评估结果对明确的Ⅰ级、

Ⅱ级设备拟定设备维护策略。一套设备制定一个维护策略落实卡，实行“一机一卡”，维护策略落实卡格式可参照表 2－23 和表 2－24。

表 2－23　专业巡维策略落实卡

维护类别	项目	周期		责任部门	工作要求
专业巡维	专业巡维	××测控装置	每年 1 次	××维护部门	1. 测控屏二次端子控制回路接线牢固； 2. 测控装置背板接线检查； 3. 遥控出口连接片检查； 4. 断路器分/合位置显示灯，装置电源检查
		××远动通信装置	半年 1 次	××维护部门	1. 各级主站通信情况检查； 2. 远动通信装置运行情况； 3. 液晶屏及工况指示灯显示检查； 4. 查看数据库备份情况； 5. 装置通信检查

表 2－24　重点巡维策略落实卡

维护类别	项目	周期		责任部门	工作要求
重点巡维	重点巡维	××远动通信装置	每周 1 次	××运行部门、××维护部门	1. 各级主站通信情况检查； 2. 远动通信装置运行情况； 3. 液晶屏及工况指示灯显示检查； 4. 装置通信检查； 5. 加快缺陷消除进度

（二）设备运行维护策略实施

（1）各维护单位应根据确定的设备管控层级和维护策略，制定本单位的年度、月度生产作业计划，有序开展年度维护工作，并定期对Ⅰ级、Ⅱ级设备特别巡维工作计划执行情况和结果进行分析，及时处理预判的设备故障，减少设备损失。

（2）根据设备运维策略落实卡及时修订完善现场运行规程和巡视表单，明确巡视、检查的工作要求和重点，确保作业的针对性和有效性。

（三）设备管控级别变更

当电网网架改变或设备健康状态变化，预估持续时间达到 1 个月及以上，造成设备管控级别变化时，实行审批、审查制，及时调整设备健康状态，改变运维策略。运维单位提出申请，根据设备管理责任层级进行调整审批、审查，确保设备风险等级调整规范合适。

（四）加强设备全生命周期管理

（1）严格把控设备入网关。落实各级设备装备技术原则和反事故措施要求，督促厂家、施工单位严格执行，提高设备的安全运行水平。

（2）提高安装调试和监造的工作质量。运维、验收单应认真统计、分析设备制造和安装调试过程中发生故障（缺陷）频率较高、易影响设备安全运行的关键部位，明确关键点和关键试验项目，制定相应控制文件，提交生产厂家和监理单位认真执行。

（3）严格把控工程验收关。运维、验收单位应严格执行国家、行业的验收规定，以零缺陷投产为目标，协调相关专业技术力量分层次做好验收工作：一是确保新投设备满足设计、验收规范及防范事故措施执行要求，不得遗留影响安全运行的缺陷；二是高度重视系统性试验，确保一次、二次设备联动正确。

（4）提高设备运维质量。认真做好设备首次定检、专业维护和缺陷专项治理工作，确保工作质量。加强新投运设备及老旧设备的运行维护与缺陷处理。

（五）做好设备应急准备

（1）针对可靠性较低、存在突发性故障风险及故障后果严重的设备，必须建立和完善应急预案，优化电网运行方式安排，充分考虑并落实下一级电网的事故支援与配合，认真做好电网运行方式与设备巡视维护联动的技术措施，尽量减少设备故障对电网安全运行的影响。

（2）针对可靠性较低、故障率较高的设备及部件，应健全设备应急物资、备品备件管理与储备，确保在应急情况下尽快恢复设备运行。

第三章 变电站自动化系统网络安全风险评估与控制

目前，变电站自动化系统内部各设备间的数据主要依靠网络进行传输，上级调度与变电站的数据通信也越来越多地采用网络方式。随着全球信息技术的发展，网络安全也面临着越来越多的风险，为防范黑客及恶意代码等对变电站自动化系统的攻击以及避免由此引发电力系统事故，保障电力系统的安全稳定运行，网络安全也越来越备受关注。网络安全的威胁可能来自内部破坏、外部攻击、内外勾结进行的破坏等引发的事故事件。只有按照风险管理的思想，适时开展风险评估工作，才能妥善应对可能发生的问题。

第一节　变电站自动化系统网络安全风险概况

一、变电站自动化系统网络安全风险评估与控制的总体思路

变电站自动化系统网络安全风险评估是通过对变电站自动化信息资产、面临威胁、存在的脆弱性、采用的安全控制措施等进行分析，从技术和管理两个层面综合判断自动化系统面临的网络风险。

变电站自动化系统的网络安全风险，可以用系统自身的脆弱性、人为或自然的威胁、网络安全事件发生的可能性、网络安全事件造成的影响四个要素来综合表述。脆弱性和威胁是原因，可能性和影响是结果。

变电站自动化系统网络安全风险评估是指依据有关网络安全测评标准，对系统及由其处理、传输和存储的信息机密性、完整性和可用性等安全属性进行识别和评价的过程。它需要评估自动化系统的脆弱性、自动化系统面临的威胁，以及脆弱性被威胁源利用后所产生的实际负面影响，并根据安全事件发生的可能性和负面影响的程度来识别自动化系统的网络安全风险。

二、变电站自动化系统网络安全风险评估与控制的工作流程

长期以来变电站自动化系统相对电力系统外部独立存在，网络安全防控

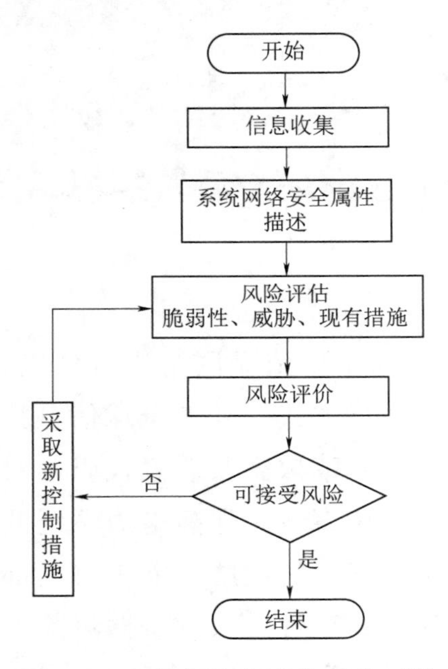

图3-1 变电站自动化系统网络安全风险评估与控制流程图

技术应用较自动化系统网络建设滞后，系统存在脆弱性是不可避免的。在现实环境中，自动化系统也会面临各种人为或自然的威胁，存在安全风险也是必然的。网络安全管理的宗旨之一，就是在综合考虑成本与效益的前提下，通过适当的、足够的安全措施来控制风险，使残余下来的风险降低到可以接受的程度。所谓安全的自动化系统，实际是指在实施了风险评估，并做出风险控制后，残余风险可以被接受的系统。因此，自动化系统网络安全，需要运用风险评估的思想和规范，对系统开展全面完整的网络安全风险评估。网络安全风险评估是分析和确定风险的过程，变电站自动化系统网络安全风险评估与控制流程如图3-1所示。

（一）信息收集

系统网络安全风险评估前，需要收集系统的产生，系统的组织机构，信息资源存储形式，信息对内、对外的各种传送口径和方式，系统的维护、使用，以及可能接触的人员、系统所处的环境状态等信息。

（二）系统网络安全属性描述

根据收集到的系统网络安全信息，对系统中存在的资产、威胁、脆弱性进行描述，以便为风险评估量化评分，提供输入依据。

资产：是组织直接赋予了价值因而需要保护的东西。它可能是以多种形式存在，有无形的，有有形的，主要包括硬件设备、软件、数据、服务、文档、人员、其他。

威胁：某个特定威胁源利用某个特定系统脆弱性对组织或系统产生危害的有害事件的潜在原因。威胁源按照其性质一般可分为自然威胁、人为威胁和环境威胁。

脆弱性：是指一个资产或资产组可被威胁源利用造成系统安全危害的缺陷或

弱点。脆弱性往往需要与对应的威胁相结合时才会对资产的安全造成危害。

（三）风险评估

网络安全风险评估是对信息在产生、存储、传输等过程中其保密性、完整性、可用性遭到破坏的可能性以及由此产生后果的一个估计或评价。网络安全风险评估中，首先需要识别出信息、信息的存在方式、信息的传递过程、加工处理过程以及相关资产的情况；其次识别出信息对保密性、完整性、可用性的要求；第三是识别出信息及相关资产的脆弱性、潜在的威胁、潜在威胁发生的可能性；最后还要识别威胁利用脆弱性对信息及相关资产进行破坏所造成的后果，这一损害后果可以是定量的测量（按价值测量），也可以是定性的测量。各个主要因素之间的关系都可以体现在风险的变化上：

（1）信息资产因为拥有价值而面临风险（潜在影响），资产价值越大风险就越大。

（2）信息资产客观存在的漏洞一旦被利用，风险也会相应地增加。

（3）威胁会导致有害事件的发生，其可能性越大，风险就越大。

（4）安全控制措施可以抗击威胁，从而减少有害事件的发生，降低风险。

（5）最后分析得出的风险可以引出此信息资产的安全需求。

一般而言，风险（R）将随着信息资产拥有的价值、漏洞被利用的危害、威胁攻击的影响三个因素安全属性的提高而增加，同时将随着已有安全控制措施抗击威胁的有效性提高而降低，根据风险结果分析从而引出信息资产的安全需求。风险（R）是以资产（A）、漏洞（V）、威胁（T）和已有安全控制（C）为自变量的一个函数：$R=f(A, V, T, C)$。

（四）风险评价

根据风险控制措施的实施评价其效果。若采取的风险控制措施有效，风险降低至人们可接受的范围，则整个风险评估与控制流程结束。若采取控制措施减少的损失不能达到人们可接受的程度，则还需要采取新的控制措施进行风险控制，直至风险降低至人们可接受的范围为止。

三、变电站自动化系统网络安全风险评估方式选择

根据评估方与被评估方的关系，变电站自动化系统网络安全评估可以有

多种模式，主要有自评估、强制性检查评估、委托评估等。这些模式均以风险评估为核心和基础，但由于参与方的角色以及目的等多种原因不同，在实践中表现出了很大的差别。

（一）自评估

自评估是变电站自动化系统运维人员依靠自身力量，对维护范围内的变电站自动化系统网络安全状态进行的风险评估。变电站自动化系统网络安全风险不仅来自系统技术平台的共性，还来自于特定的应用服务。由于变电站自动化系统应用服务具有自身特性，这些个性化的过程和要求往往是敏感的，而且没有长期接触该单位所属行业和部门的人难于在短期内熟悉和掌握。因此，自评估有利于保密，有利于发挥行业和部门内人员的业务特长，有利于降低风险评估的费用，有利于提高本单位的风险评估能力与网络安全知识。但是，如果没有统一的规范和要求，在缺乏信息安全风险评估专业人才的情况下，自评估的结果可能不深入、不规范、不到位。自评估中，也可能会存在来自于本单位或上级单位领导的不利干预，从而出现风险评估结果不够客观或评估结果的置信度较低等问题。

（二）强制性检查评估

强制性检查评估则由信息安全主管机关或业务主管机关发起，旨在依据已经颁布的法规或标准，检查被评估单位是否满足了这些法规或标准。这种评估具有强制性，是一种纯粹意义上的他评估，单位自身不能对该过程进行干预。此外，强制性检查评估必须以明确的法规或标准为基础，是通过行政手段加强信息安全的重要手段。

（三）委托评估

委托评估是指变电站自动化系统运维单位委托具有风险评估能力的专业评估机构（国家建立的测评认证机构或安全企业）实施的评估活动。它既有自评估的特点（由单位自身发起，且本单位对风险评估过程的影响可以很大），也有他评估的特点（由独立于本单位的另外一方实施评估）。

自评估是自我的安全评价，因此在涉及一些重大问题时，其客观性、有效性和公正性也难以保证。强制性检查评估是信息系统的上级主管部门或国家相关的职能部门对其所进行的一种带有行政管理性质的安全监督和检查，偏重于安全管理方面，最终也对检查对象安全状况给出相应的评判，通常这些系统是涉及国家信息安全秘密的信息系统或是涉及国计民生的重要信息系统。委托评估由于其中立性，公正、公平、科学、客观，而且通常具有一定政府背景和权威性，因此其应用范围最为广阔。

因为变电站自动化系统相对评估面较小，目前网络安全评估主要采用自评估为主、委托评估为辅，委托评估与各电网整体的自动化系统一并开展评估，评估中整体考虑较多，单站系统考虑相对较少。

四、变电站自动化系统网络安全风险管理

变电站自动化系统网络安全风险管理是根据风险评估的结果进行相应的风险管理。变电站自动化系统网络安全风险管理主要包括以下几种措施：

（1）降低风险。在考虑转嫁风险前，应首先考虑采取措施降低风险。

（2）避免风险。有些风险很容易避免，可以通过采用不同的技术、更改操作流程、采用简单的技术措施等实现。

（3）转嫁风险。通常只有当风险不能被降低或避免且被第三方（被转嫁方）接受时才被采用。一般用于那些低概率、但一旦风险发生时会对组织产生重大影响的风险。

（4）接受风险。用于那些在采取了降低风险和避免风险措施后，出于实际和经济方面的原因，只要组织进行运营，就必然存在并必须接受的风险。

管制目标的确定和管制措施的选择原则是费用不超过风险所造成的损失。由于网络安全是一个动态的系统工程，组织应实时对选择的管制目标和管制措施加以校验和调整，以适应变化的情况，使组织的信息资产得到有效、经济、合理的保护。

第二节　变电站自动化系统网络安全风险评估

目前，变电站自动化系统因电压等级的不同，系统配置也不同；不同地域因为变电站的发展不同，变电站自动化系统的内部和对外通信所采用的方式也不尽相同。但是，在网络安全风险评估中，各变电站的风险评估方式相同，为简化风险评估的表述篇幅，本书仅以地区级供电局常见 500kV 电压

等级（其变电站内部设备间和变电站对外均采用网络数据通信方式）的变电站为模型，进行风险评估叙述，其余变电站可根据站内的具体配置情况通过加减扩展进行网络安全风险评估。

一、变电站自动化系统网络风险评估信息收集

常见的500kV变电站自动化系统配置及网络安全结构模型如图3-2所示。变电站按“安全分区、网络专用、横向隔离、纵向认证”的电力监控系统网络安全体策略，初步建立安全防护体系，基本满足电力监控系统安全防护系统要求。

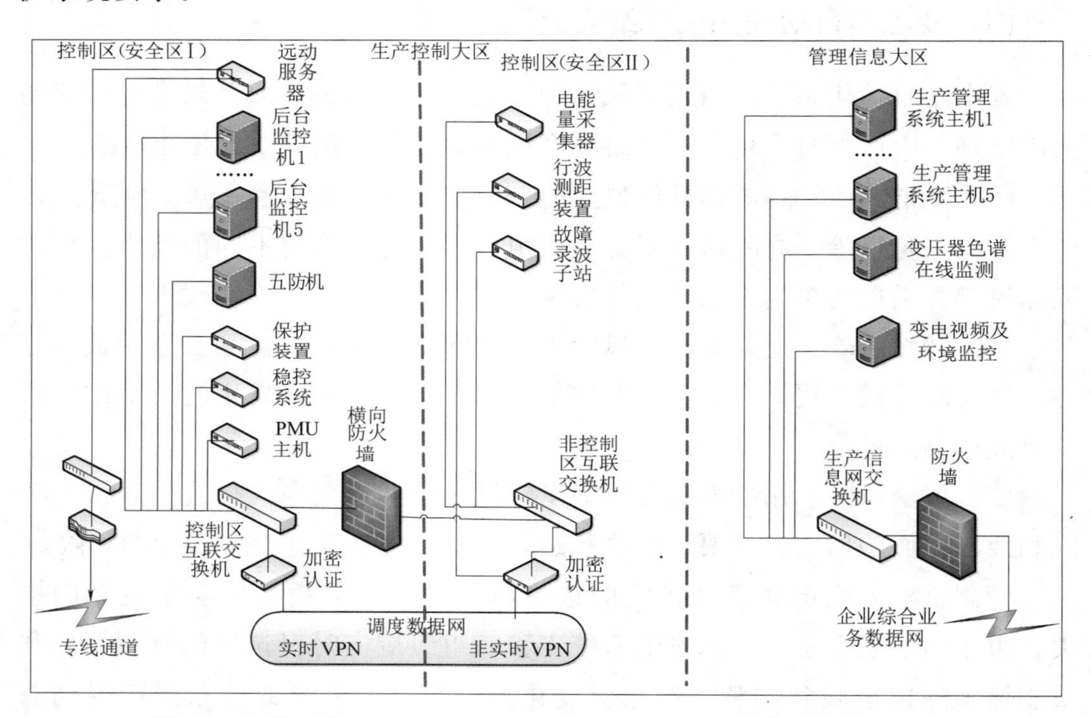

图3-2 常见的500kV变电站自动化系统配置及网络安全结构图

（一）安全分区

电力监控系统应当划分为生产控制大区和管理信息大区，其中生产控制大区又分为控制区（安全系统Ⅰ区）和非控制区（安全Ⅱ区）。模型站中功能模块根据其特点、重要程度、数据流程和安全要求分别置于不同的安全区。

控制区的主要业务系统包括稳态监视类模块、动态监视类模块、控制中

心功能模块、监视控制保护功能模块、广域控制保护功能模块等。

非控制区的主要业务包括计量模块、录波监视分析模块、一次设备状态监测模块等。

管理信息大区的主要业务系统包括运行管理类模块等。

模型变电站内并未严格按标准进行安全Ⅲ区和Ⅳ区的分割。

（二）网络专用

电力调度数据网应当在专用系统通道上使用独立的网络设备组网，在物理层面实现与电力企业其他系统数据网及外部公用的安全隔离。模型变电站按网络专用的要求，采用调度数据网和专用网络传输调度监控业务，采用企业综合业务数据网传输管理数据业务。

（三）横向隔离

生产控制大区与管理信息大区系统之间，必须设置经国家指定部门检测认证的电力专用横向单向安全隔离装置，生产控制大区内部的安全区之间应当采用具有访问控制功能的设备、防火墙或者具有相当功能的设施，实现逻辑隔离。模型变电站内安全Ⅰ区与安全Ⅱ区已经实现防火墙逻辑隔离；在变电站内生产控制大区与管理信息大区系统之间没有具体的数据交互，采用独立组网模式实现了网络的独立与隔离。

（四）纵向认证

生产控制大区与广域网的纵向连接处，应当设置经过国家指定部门检测认证的电力专用纵向加密系统，配置认证装置或者加密认证网关及相应的设施。模型中变电站调度数据网的专用加密装置已部署，但是专用通道中的加密装置未部署。

二、变电站自动化系统网络安全属性描述

（一）脆弱性描述

（1）专线通道没有实现加密认证措施，未实现通信完整性、保密性、抗抵赖性保护。

（2）系统未配置网络安全态势感知预警手段。缺乏非法外联、非法内联、病毒感染、网络入侵等行为的监测及阻断技术手段。

（3）系统缺乏防病毒措施。大部分主机没有安装杀毒软件，或系统没有部署防病毒网关，导致系统缺乏防病毒措施；且由于缺乏系统软件源代码审计手段，难以解决偶发的杀毒软件和应用系统冲突问题，因此目前系统一般选择不安装或者升级杀毒软件。

（4）未实现网络接入管控的技术措施，缺乏技术手段对机房内厂家的运维操作进行管控，目前大多通过人工管理。由于电力监控系统设备数量庞大，难以依靠人工手段有效防范厂商违规使用移动储存介质，难以做到外来设备非法接入的有效管控。

（5）用户操作授权及行为审计缺乏技术手段，没有部署堡垒机。目前大多采用人工管理，未能有效管控厂家人员出入机房场所、操作系统设备的行为。

（6）机房物理防护基础薄弱。部分变电站机房没有配备门禁，存在多个入口，没有配置精密空调、漏水检测系统，缺乏温度、湿度调控手段。

（7）系统网络边界安全设备没有按要求将访问控制策略设置到地址及端口级，访问控制策略过宽，没有按要求关闭未使用的网络接口。

（8）未能有效拆除或关闭主机设备多余的外设接口。

（9）系统、设备登录环节缺乏完备的管控配置。如：未配置密码策略对密码的复杂度进行约束；未设置登录超时锁定及登录失败处理机制；未限制远程登录管理的源主机 IP 地址，采用了明文的远程管理传输协议等。

（10）系统没有按要求遵循最小权限原则配置设备，未裁减或关闭不必要的系统服务，卸载无关的应用软件。

（11）对网络安全策略配置的闭环管控缺乏有效的手段，配置执行情况的确认不到位。

（二）损失描述

（1）系统被控制：极端情况下的蓄意破坏性控制，导致整个厂站失压，带来大量负荷损失；蓄意破坏性控制导致其中任意一台被误控跳闸，将导致送电能力显著下降，或者是局部电网与主网解列。

（2）系统被破坏：本地监控受到影响，相连电厂机组的自动调节等控制功能受到影响；无人值守变电站需要恢复现场值班，有关调度机构无法获取实时信息，控制设备，只影响单个变电站。

（3）数据被窃取：窃取该厂站本地的电网运行关键信息（厂站拓扑模型、元件运行历史数据等）。

（三）现有控制措施

（1）技术措施：进行安全区划分，实现业务分区管理，并在边界部署防火墙，上级交换部署纵向加密认证体系。

（2）管理措施：制定管理规范，对移动介质使用、系统设备维护和使用明确管理要求。

（3）组织措施：明确运维组织机构，设定专人对系统进行管理。

三、变电站自动化系统网络安全风险评估

变电站自动化系统网络安全风险主要从系统风险、主机风险、网络风险、管理风险、环境风险五方面进行评估，评估需对系统可能存在的脆弱性和威胁进行描述，对其发生的概率和危害程度进行估计，最终定性地得出其风险等级，并分析现有控制措施的控制效果，确定最终的风险等级。变电站自动化系统网络安全风险评估实例见表3-1。

表3-1　变电站自动化系统网络安全风险评估实例

序号	风险类别	脆弱性	威胁	风险发生概率	对电网危害系统严重程度	风险等级	风险控制措施	现措施后系统风险等级
1	系统风险	系统上线前未对源代码进行审计，存在系统被人有意或无意植入后门或恶意代码的可能性	误调误控	可接受	低	低	建立管理标准或技术规范，通过管理控制风险	可接受
			系统失灵	低	高	中		可接受
			窃取数据	可接受	可接受	可接受		可接受
2	主机风险一	部分人员未按要求使用专用U盘等移动介质，容易通过移动介质摆渡造成主机感染病毒及恶意代码	误调误控	低	低	低	建立管理标准或技术规范，通过管理控制风险	可接受
			系统失灵	中	高	高		中
			窃取数据	中	可接受	低		可接受

续表

序号	风险类别	脆弱性	威胁	风险发生概率	对电网危害系统严重程度	风险等级	风险控制措施	现措施后系统风险等级
3	主机风险二	部分Windows主机没有安装杀毒软件，易造成主机感染病毒	系统失灵	低	高	中	建立管理标准或技术规范，通过管理控制风险	低
			窃取数据	可接受	可接受	可接受		可接受
4	主机风险三	未部署网络安全监控终端，难以发现外部设备非法接入(如U盘、移动笔记本接入)，无法对用户操作进行授权及行为审计，无法及时发现及取证人员的恶意操作	误调误控	可接受	低	低	建立管理标准或技术规范，通过管理控制风险	可接受
			系统失灵	低	高	中		低
			窃取数据	可接受	可接受	可接受		可接受
5	主机风险四	部分系统及设备未按要求进行最小安装配置，未关闭或裁减不必要的默认系统服务，且未及时更新补丁，存在漏洞攻击而控制系统的可能性	误调误控	可接受	低	可接受	建立管理标准或技术规范，通过管理控制风险	可接受
			系统失灵	低	高	中		可接受
			窃取数据	可接受	可接受	低		可接受
6	主机风险五	操作系统和应用系统存在弱口令，没有限制远程管理IP，没有登录失败处理机制，存在暴力破解口令而控制系统的可能性	误调误控	可接受	低	低	建立管理标准或技术规范，通过管理控制风险	可接受
			系统失灵	可接受	高	低		可接受
			窃取数据	可接受	可接受	可接受		可接受
7	主机风险六	主机启用了系统telnet、rlogin等非加密协议远程管理，应用系统敏感字段未加密传输，一旦攻击者侵入内网，存在利用嗅探技术窃取信息的可能性	误调误控	低	低	低	大部分系统使用SSH进行远程管理	低
			系统失灵	低	高	中		可接受
			窃取数据	低	可接受	可接受		可接受
8	网络风险一	部分系统未按要求实现网络准入控制，网络设备没有关闭未使用的网络接口，并对合法设备进行绑定，难以发现外部设备非法接入，一旦外部设备成功接入网络，可以通过感染病毒、种植木马等多种手段对系统进行操控及破坏	误调误控	低	低	低	建立管理标准或技术规范，通过管理控制风险	可接受
			系统失灵	低	高	中		可接受
			窃取数据	中	可接受	低		可接受

续表

序号	风险类别	脆弱性	威胁	风险发生概率	对电网危害系统严重程度	风险等级	风险控制措施	现措施后系统风险等级
9	网络风险二	少数系统远程运维时未按要求使用电力专用拨号装置，采用普通电话拨号装置，且在不使用的情况下未关闭电源或拔掉电话线，系统存在外部通过电话拨号侵入的可能性	误调误控	低	低	中	建立管理标准或技术规范，通过管理控制风险	中
			系统失灵	中	高	中		低
			窃取数据	中	可接受	低		可接受
10	网络风险三	运维人员为了方便工作跨接管理信息大区和生产控制大区，可能导致攻击者由管理信息大区侵入生产控制大区，或病毒从管理信息大区向生产控制大区传播	误调误控	低	低	中	管理上，严格控制非法跨区互连；技术上，每年进行检查	中
			系统失灵	中	高	中		低
			窃取数据	中	可接受	低		可接受
11	网络风险四	与其他业务系统（如保信）的边界未部署系统防火墙或防火墙策略宽泛，如其他业务系统已被侵入，则存在遭受来自其他业务系统网络攻击的可能性。若某系统感染病毒，系统存在病毒相互感染的可能性	误调误控	可接受	低	低	边界部署防火墙，并配置合适的策略；开展备用系统建设	可接受
			系统失灵	可接受	高	低		可接受
			窃取数据	低	可接受	可接受		可接受
12	网络风险五	纵向互联（一区专线、二区互联）系统未按要求部署纵向加密装置，如攻击者已侵入网络设备，存在地址欺骗、敏感数据被窃听、报文被篡改的可能性	误调误控	可接受	低	低	变电站自动化系统与上级数据交互部署纵向认证装置	可接受
			系统失灵	可接受	高	低		可接受
			窃取数据	可接受	可接受	可接受		可接受
13	网络风险六	网络设备没有关闭未使用的网络接口，没有对合法设备进行绑定，难以阻止外部设备非法接入，一旦外部设备成功接入网络，可以通过感染病毒、种植木马等多种手段对系统进行操控及破坏	误调误控	可接受	低	低	通过管理手段严格管控	可接受
			系统失灵	低	高	低		可接受
			窃取数据	中	可接受	低		可接受

续表

<table>
<tr><th>序号</th><th>风险类别</th><th>脆弱性</th><th>威胁</th><th>风险发生概率</th><th>对电网危害系统严重程度</th><th>风险等级</th><th>风险控制措施</th><th>现措施后系统风险等级</th></tr>
<tr><td rowspan="3">14</td><td rowspan="3">网络风险七</td><td rowspan="3">运维人员为了方便工作，使用已连接互联网的笔记本接入系统，造成生产控制大区与互联网的跨区互联，可能导致攻击者由互联网侵入生产控制大区，或病毒从互联网向生产控制大区传播</td><td>误调误控</td><td>低</td><td>低</td><td>中</td><td rowspan="3">建立管理标准，通过管理控制风险</td><td>中</td></tr>
<tr><td>系统失灵</td><td>中</td><td>高</td><td>中</td><td>低</td></tr>
<tr><td>窃取数据</td><td>中</td><td>可接受</td><td>低</td><td>可接受</td></tr>
<tr><td rowspan="3">15</td><td rowspan="3">网络风险八</td><td rowspan="3">厂站站控层、过程层网络及智能站间隔层网络的装置通信未采取加密认证措施，一旦攻击者侵入内网，存在地址欺骗、伪造篡改指令的可能</td><td>误调误控</td><td>可接受</td><td>低</td><td>可接受</td><td rowspan="3">建立管理标准，规范运维人员行为习惯，禁止非相关人员使用内部网络，通过管理控制风险</td><td>可接受</td></tr>
<tr><td>系统失灵</td><td>低</td><td>高</td><td>低</td><td>可接受</td></tr>
<tr><td>窃取数据</td><td>中</td><td>可接受</td><td>低</td><td>可接受</td></tr>
<tr><td rowspan="3">16</td><td rowspan="3">管理风险一</td><td rowspan="3">系统运维时未按要求使用堡垒机，用户操作授权及行为审计手段不完善，存在系统被运维人员恶意操作而无法发现、无法取证的可能性</td><td>误调误控</td><td>可接受</td><td>低</td><td>低</td><td rowspan="3">建立管理标准，禁止运维人员使用共用账户进行系统维护，通过管理控制风险</td><td>可接受</td></tr>
<tr><td>系统失灵</td><td>低</td><td>高</td><td>低</td><td>可接受</td></tr>
<tr><td>窃取数据</td><td>低</td><td>可接受</td><td>可接受</td><td>可接受</td></tr>
<tr><td rowspan="3">17</td><td rowspan="3">管理风险二</td><td rowspan="3">安全应急处置方案不完善，存在系统被侵入后无法及时处置的可能性。当业务系统被控制，尚无手段迅速识别侵入者发出的控制命令，也未有明确具体的应急阻断措施</td><td>误调误控</td><td>可接受</td><td>低</td><td>低</td><td rowspan="3">编制电力监控系统应急处置方案</td><td>可接受</td></tr>
<tr><td>系统失灵</td><td>可接受</td><td>高</td><td>低</td><td>可接受</td></tr>
<tr><td>窃取数据</td><td>可接受</td><td>可接受</td><td>可接受</td><td>可接受</td></tr>
<tr><td rowspan="3">18</td><td rowspan="3">环境风险</td><td rowspan="3">部分系统未按要求部署机房门禁，物理防护不到位，如攻击者已潜入厂站，存在攻击者直接使用系统进行恶意操作的可能性</td><td>误调误控</td><td>低</td><td>低</td><td>低</td><td rowspan="3">通过管理手段严格管控</td><td>低</td></tr>
<tr><td>系统失灵</td><td>中</td><td>高</td><td>中</td><td>中</td></tr>
<tr><td>窃取数据</td><td>可接受</td><td>可接受</td><td>可接受</td><td>可接受</td></tr>
</table>

四、新控制措施评估

依据表 3-1 变电站自动化系统网络安全风险评估结果可以看出，采取现有的风险控制措施后，主机风险一、主机风险二、主机风险三、主机风险六、网络风险二、网络风险三、网络风险七、环境风险仍处于不可接受的状态。对以上网络风险实施新控制措施后的评价实例见表3-2。

表3-2 实施新控制措施后的评价实例

序号	风险类别	脆弱性	危害	风险等级	风险控制措施	现措施后系统风险等级	新控制措施	新措施后系统风险等级
1	主机风险一	部分人员未按要求使用专用U盘等移动介质，容易通过移动介质摆渡造成主机感染病毒及恶意代码	误调误控	低	建立管理标准或技术规范，通过管理控制风险	可接受	部署移动介质管控系统，对移动介质病毒摆渡风险进行控制	可接受
			系统失灵	中		中		可接受
			窃取数据	低		可接受		可接受
2	主机风险二	部分Windows主机没有安装杀毒软件，易造成主机感染病毒	系统失灵	中	建立管理标准或技术规范，通过管理控制风险	低	安装系统防病毒软件，及时更新	可接受
			窃取数据	可接受		可接受		可接受
3	主机风险三	未部署网络安全监控终端，难以发现外部设备非法接入（如U盘、移动笔记本接入），无法对用户操作进行授权及行为审计，无法及时发现及取证人员的恶意操作	误调误控	低	建立管理标准或技术规范，通过管理控制风险	可接受	部署堡垒机和态势感知系统	可接受
			系统失灵	中		低		可接受
			窃取数据	可接受		可接受		可接受
4	主机风险六	主机启用了系统telnet、rlogin等非加密协议远程管理，应用系统敏感字段未加密传输，一旦攻击者侵入内网，存在利用嗅探技术窃取系统信息的可能性	误调误控	低	大部分系统使用SSH进行远程管理	低	部署态势感知系统，对高位服务进行扫描感知	可接受
			系统失灵	中		可接受		可接受
			窃取数据	可接受		可接受		可接受
5	网络风险二	少数系统远程运维时未按要求使用电力专用拨号装置，采用普通电话拨号装置，且在不使用的情况下未关闭电源或拔掉电话线，系统存在外部通过电话拨号侵入的可能性	误调误控	中	建立管理标准或技术规范，通过管理控制风险	中	部署电力专用拨号网关，并在不用时进行断电	可接受
			系统失灵	中		低		可接受
			窃取数据	低		可接受		可接受

续表

序号	风险类别	脆弱性	危害	风险等级	风险控制措施	现措施后系统风险等级	新控制措施	新措施后系统风险等级
6	网络风险三	运维人员为了方便工作跨接管理信息大区和生产控制大区，可能导致攻击者由管理信息大区侵入生产控制大区，或病毒从管理信息大区向生产控制大区传播	误调误控	中	管理上，严格控制非法跨区互连；技术上，每年进行检查	中	部署态势感知系统，及时发现非法操作	可接受
			系统失灵	中		低		可接受
			窃取数据	低		可接受		可接受
7	网络风险七	运维人员为了方便工作，使用已连接互联网的笔记本接入系统，造成生产控制大区与互联网的跨区互联，可能导致攻击者由互联网侵入生产控制大区，或病毒从互联网向生产控制大区传播	误调误控	中	建立管理标准，通过管理控制风险	中	部署态势感知系统，及时发现非法操作	可接受
			系统失灵	中		低		可接受
			窃取数据	低		可接受		可接受
8	环境风险	部分系统未按要求部署机房门禁，物理防护不到位，如攻击者已潜入厂站，存在攻击者直接使用系统进行恶意操作的可能性	误调误控	中	通过管理手段严格管控	低	部署动力环境及门禁系统	可接受
			系统失灵	中		中		可接受
			窃取数据	可接受		可接受		可接受

上述措施实施后，不排除有部分厂站网络安全风险评价结果仍然不能达到可接受的程度，需根据现场实际情况再增补相应的技术或管理控制措施。

第三节 变电站自动化系统网络安全风险控制

变电站自动化系统网络安全风险控制需要从组织、管理及技术出发，全面有效地对系统存在的风险进行控制。

一、变电站自动化系统网络安全风险控制组织措施

（一）组织安全

变电站自动化系统网络安全风险得以有效控制，需要有推动者、策划者和执行者，构建一个变电站自动化系统网络安全风险控制组织，以协调企业内部的资源，实现网络安全风险控制目标，组织的功能通过组织成员完成，各成员的职责由管理层指定。变电站自动化系统网络安全风险控制组织的职能包括：

（1）发起网络安全管理活动，制定、审核、批准和维护网络安全策略，强制在企业内部监督其实施过程，并对策略的实施进行审计，以确定策略被严格地执行，并对执行效果进行评估。

（2）在系统网络安全保障过程中，需要多部门合作时网络安全组织起到协调的作用。

（3）组织中每个角色都有其网络安全的责任，责任落实到人。

（4）授予需要对变电站自动化系统进行操作的人员和程序相应的权限，保证所有的操作行为和操作对象都在企业的控制之下。

（5）变电站自动化系统网络安全活动需要与企业本身之外的第三方进行合作，网络安全组织负责这些合作行为的网络安全控制，包括相关策略的制定及实施。

（二）人员安全

（1）人员选择，要考虑其背景、资质是否满足岗位需求。根据岗位涉及信息敏感程度的不同采用不同的审查程序。敏感程度越高，审查程序越严格，重要的职位应当定期进行审查。

（2）在工作职责中明确人员网络安全责任，岗位人员应当清楚自己的职责，明白网络安全管理执行范围。

（3）通过签订聘用合同、保密协议的方式，使用法律、法规、政策约束网络安全人员的责任和义务及应承担的后果。

（4）强化网络安全培训，通过定期、不定期组织内部、外部的培训不断提高相关人员的安全意识和技能。

二、变电站自动化系统网络安全风险控制管理及技术措施

（一）技术架构设计的基本原则

（1）系统性原则：架构不能因为网络和应用技术的发展、系统升级和配置的变化，导致系统在整个生命期内的网络安全防护能力和抗御风险的能力降低。

（2）技术先进性原则：架构应采用先进的安全体系进行结构设计，选用先进、成熟的安全技术和设备，实施过程采用先进可靠的工艺和技术。

（3）可控性原则：架构内所有的安全设备的管理、维护和配置都应自主可控，网络安全设备必须有相应机构的认证或许可，设备供应商、实施方案的设计和施工单位应具有相关的资质。

（4）适度性原则：架构安全方案应充分考虑保护对象的价值与保护成本之间的平衡性，在允许的风险范围内尽量减少安全服务的规模和复杂性，避免其超出运维人员的理解范围，变得难以执行或者无法执行。

（5）技术符合法规原则：架构包括软硬件、过程和人等诸多因素，在考虑技术解决方案时，需满足管理、法律、法规方面的制约和调控，并为其实现提供支持。

（二）安全区域划分

根据变电站自动化系统设备的功能不同，从物理和逻辑上将系统划分为不同区域，目前变电站自动化系统网络安全总体划分为三个区域，既安全Ⅰ区（生产控制区）、安全Ⅱ区（生产数据监视区）、安全Ⅲ区（生产信息管理区）。

（三）安全基线

设定系统安全基线，明确变电站自动化系统主机、网络和系统平台等基础设施的最小安全保证要求，如弱口令、开放无用服务端口、未升级补丁等管理要求。

（1）安全漏洞处理。指系统的硬件、软件、协议的具体实现或系统安全策略上存在的缺陷处理要求，反映系统自身的安全脆弱性完善要求。

（2）安全配置不当的完善。主要包括账号、口令、授权、日志、IP通信等方面内容配置不当的完善要求，反映系统自身的安全脆弱性的完善要求。

（3）重要信息监控。包含系统运行状态、网络端口状态、账户权限、进程、端口以及重要日志文件的监控等。这些内容反映系统当前所处环境的安全状况，有助于我们了解信息系统运行的动态情况。

变电站自动化系统的安全基线建立后，可以通过安全基线对信息系统进行检查，确定系统的安全状况。

（四）防护技术

（1）人员认证体系。当用户向服务器提出访问请求时，服务器要求用户提交数字证书。收到用户的证书后，服务器利用认证中心的公开密钥对认证中心的签名进行解密，获得信息的散列码。然后服务器用与认证中心相同的散列算法对证书的信息部分进行处理，得到一个散列码与对签名解密所得到的散列码进行比较，若一致，则表明此证书确实是认证中心签发的，而且是完整的未被篡改的证书。这样，用户通过了身份认证。服务器从证书的信息部分取出用户的公钥，以后向用户传送数据时以此公钥加密，只有该用户可以对该信息进行解密。

（2）网络认证体系。系统通过身份认证和安全策略检查的方式，对未通过身份认证或不符合安全检查策略的用户终端进行网络隔离，并帮助终端进行安全修复，以达到快速有效的强制执行企业终端安全策略的目的。

（3）防火墙体系。建立防火墙规则，检测防火墙状态，实现边界安全，提供访问控制，并实现安全策略。防火墙作为内外部网络之间通信的唯一通道，在不同安全策略的两个网络连接处，建立一个安全控制点，通过允许、拒绝或重新定向经过防火墙的数据流，确保进出内部网络的服务和访问得以审计和控制。

（4）应用网关。应用交换系统，采用4～7层交换技术，将数据交换与数据内容建立起联系，不仅可根据数据包的IP地址和端口来传递数据，还可以打开数据包，进入数据包内部，根据包中的信息作出负载均衡、内容识别等判断，智能地在各个服务器之间分配数据流量。应用交换系统通过Ping、HTTP、TCP等检测方法，对后台服务器的状态进行检查，一旦发现死机或提供服务失败时，将服务器从服务器组中移出，保证系统的可靠性。

（5）虚拟局域网（Virtual Local Area Network，VLAN）技术。VLAN 通过划分虚拟工作组设定安全域。每个 VLAN 一个广播域，并通过对 VLAN 策略设定，提高了系统性能，提供一定程度的安全性。

（6）病毒防御系统。设定独立的病毒服务器，安装网络版的防病毒软件。

（7）入侵检测（Intrusion Detection Systems，IDS）。IDS 通常采用管理控制中心和检测引擎组成的分布式体系结构，通过监视网络或系统资源，寻找违反安全策略的行为或攻击迹象，为网络系统提供保护。

（8）安全监控。信息安全管理本质上是对信息安全系统执行“检测”，检测的内容包括信息安全过程的执行状况、安企政策执行的状况、安全控制运行的状况等。将监测到的状况与基准进行比较，如果在基准范围内，则属于正常；如果不在基础范围内，就属于异常。

（9）安全审计。在每个待审计的系统上都安装代理和控制器。这些组件一起配合收集环境内的所有被审计事件，这些数据被收集在中央库中。系统整合异构系统和应用软件的审计数据，对事件进行详细分析，系统管理员通过使用这些数据来协调监控和系统报警工作，并报告跨平台用户的活动信息。

（10）备份系统。备份利用冗余纠错的方法，对关键的设备提供适当的冗余度，保证在其中一台不工作的情况下，网络仍旧能够正常通信。

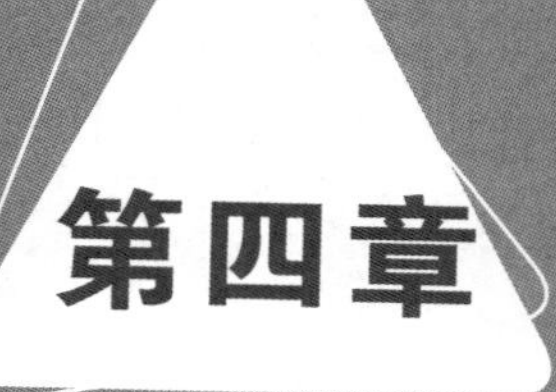

第四章 变电站自动化系统运维作业风险评估与控制

变电站自动化系统运维作业风险评估与控制包括作业任务识别、任务分解、危害辨识、风险评估、风险控制五个阶段，作业实施中监测作业条件变化情况，若条件发生变化则需要对作业条件进行动态分析，重新进行危害辨识、风险评估，根据新的评估结果调整风险控制措施。

变电站自动化系统运维作业风险评估与控制流程如图4-1所示。

(1) 任务识别。分析总结以往变电站自动化系统运维中的各项工作，梳理归纳作业任务，建立作业任务清单。任务识别需要运维人员全面参与，确保识别全面。

(2) 任务分解。对识别出的作业任务进行分解，具体到实施步骤。

(3) 危害辨识。对各作业步骤中可能遇到的危害进行辨识，明确具体的危害种类。

(4) 风险评估。从危害造成可能事故的后果，人身、电网、设备暴露于危害因素的频率，以及事故发生后果的可能性三个维度分别进行风险量化评分，评分后再将三个分值相乘，得出最终的风险值，依据风险值的大小判定风险等级。

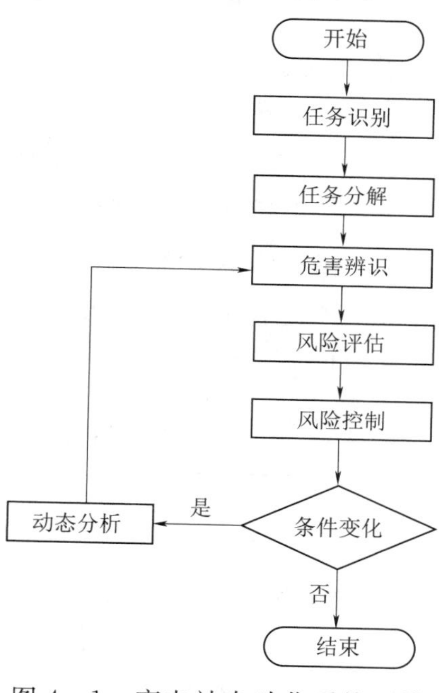

图4-1 变电站自动化系统运维作业风险评估与控制流程图

(5) 风险控制。依据各作业步骤的风险等级大小，按照风险控制有效、资金投入合理的原则，确定具体的风险控制措施，通过风险控制措施的实施，实现风险控制。

(6) 动态分析。作业过程是一个动态的过程，作业风险控制中，应实时监测作业环境、人员的变化情况，动态评估作业风险控制措施的效果，一旦发现作业环境、作业对象状态发生变化，就需要重新对作业中可能遇到的危害进行辨识、评估，及时调整风险控制措施。

第一节　变电站自动化系统运维作业识别

变电站自动化系统运维作业工作中，涉及现场作业的有：系统巡视，设备定检维护，设备改造、大修及升级，设备缺陷处理，以及系统数据维护等工作。

一、变电站自动化系统巡视

变电站自动化系统巡视分为日常巡视检查和专业巡视检查两类。

（一）日常巡视检查

变电站运行人员按设备巡视周期（通常以1个月为1个周期）定期对变电站自动化系统各设备进行日常性的巡视检查，检查内容主要是设备运行基本状况，包括设备运行指示灯、设备运行温度、设备有无异常响动等；主要目的是发现设备外观异常及有表征的缺陷。变电站自动化系统日常巡视主要作业明细见表4-1。

表4-1　变电站自动化系统日常巡视主要作业明细

序号	作业项	内容明细
1	装置外观、运行指示巡视	（1）装置外观有无异常。 （2）接地有无松脱
2	运行指示巡视	指示灯是否正常，有无告警信息
3	标志检查	标志是否正确、清晰
4	异常报警检查	工作状态是否正常，有无异常响动、异味
5	时钟检查	时钟显示是否正常
6	台账一致性核对	基础台账一致性核对
7	压板、把手投退正确性核对	核对设备运行压板、把手，是否满足运行需求

（二）专业巡视检查

变电站自动化系统维护人员在设备原生产厂商技术人员的配合下，对运行一定年限的设备开展专业性的巡视检查，检查内容除设备运行指示外，还包括设备运行参数设置、数据收发、规约解析、通信状态、设备告警等正确性检查；主要目的是借助生产厂商专业技术人员的经验，发现设备运行中参数的不良设置，设备老化造成的性能降低等问题，为设备的状态评价、大修、改造提供依据。变电站自动化系统专业巡视主要作业明细见表4-2。

表4-2　　变电站自动化系统专业巡视主要作业明细

序号	作业项	内容明细
1	装置外观、运行指示巡视	（1）装置外观有无异常。 （2）接地有无松脱
2	运行指示巡视	指示灯是否正常，有无告警信息
3	标志检查	标志是否正确、清晰
4	异常报警检查	工作状态是否正常，有无异常响动、异味
5	时钟检查	时钟显示是否正常
6	装置版本检查	装置版本是否有缺陷
7	系统配置参数检查	系统配置参数是否有错误
8	规约版本检查	规约版本选择是否正确
9	装置基本性能检查	装置负荷检查、系统性能与出厂性能对比，查看降低情况

二、变电站自动化系统设备定检

变电站自动化系统设备定检主要是针对各类设备按一定周期（通常以3年或6年为1个周期），开展部分或全面性能检验。

（一）监控后台机及五防系统主机定检

监控后台机及五防系统主机定检主要包括外观、软件参数、负荷率、四遥功能、通信状态等内容，主要检验设备运行状况及规范执行情况。监控后台机及五防系统主机定检主要作业明细见表4-3。

表 4-3　　监控后台机及五防系统主机定检主要作业明细

序号	作　业　项	内　容　明　细
1	装置外观检查	(1) 主机标志正确、清晰，运行指示灯正确性检查。 (2) 机箱与外部连线可靠性检查。 (3) 机器散热性能检查。 (4) 外围设备（音箱、打印机）工作状态、标志正确性检查
2	软件检查及核对	(1) 现场运行的版本号与有效记录的版本号保持一致。 (2) 操作系统及应用软件运行正常
3	查看 CPU 负荷率	检查 30 分钟内计算机的平均 CPU 负荷率是否不大于 30%
4	站控层与间隔层设备通信状态的检查	(1) 与测控单元通信状态检查。 (2) 与保护装置通信状态检查。 (3) 与变电站内智能接口设备通信状态检查
5	查看系统图形画面的正确性	监控系统图形画面与现场设备状态一致
6	功能正确性及完备性检查	(1) 遥控操作权限设置正确性检查。 (2) 保护信号复归功能正确性检查。 (3) 各种报表数据显示及历史查询正确性检查。 (4) 各种曲线显示及历史查询正确性检查。 (5) 报表打印功能正确性检查。 (6) 告警声音、画面、信息正确性检查。 (7) 告警和事件查询正确性检查。 (8) 各种进程运行状况正确性检查。 (9) 闭锁逻辑正确性检查
7	VQC 功能检查	(1) 确认站内是否投入运行 VQC。 (2) 站内 VQC 功能、定值、参数调节功能正确性检查
8	硬盘检查	(1) 硬盘可用容量是否不小于 20%。 (2) 硬盘指示灯、告警、状态是否正常
9	双机切换功能检查	双机切换功能检测
10	数据库正确性检查	(1) 数据库、图形库正确性检查。 (2) 数据与实际运行一致性检查
11	用户权限检查	(1) 用户权限（系统管理员、操作员、监护员等）定义正确性检查。 (2) 用户属性（用户名称、密码等）合规性检查。 (3) 删除多余用户，落实用户数量与实际运行一致性检查
12	计算公式正确性检查	(1) 引用数据源、配置计算逻辑正确性检查。 (2) 公式输出结果、同步配置相关应用正确性检查
13	系统修改后数据库备份	分别备份服务器主、备机数据库、图库；如需导出，要使用专用 U 盘

（二）远动装置定检

远动装置定检主要包括外观、显示、接线、运行状况、软件参数、通道功能、“四遥”功能等内容，主要检验设备运行状况及规范执行情况。远动装置定检主要作业内容明细见表4-4。

表4-4　　远动装置定检主要作业明细

序号	作业项	内容明细
1	检查装置外观、标志检查	（1）装置标志是否正确、清晰、外观是否无异常。 （2）接地端子是否接地并连接可靠。 （3）装置背板配线是否连接良好。 （4）电源的二次防雷器是否正常。 （5）装置工作状态是否正常，无告警信息。 （6）装置及各板件面板指示灯状况是否正常、无告警信息。 （7）采用两路电源供电装置，电源是否来自不同母线段电源
2	检查键盘和液晶显示屏	键盘、复位按钮、液晶显示屏显示完好性检查
3	装置版本、参数配置检查	（1）现场运行的版本号与有效记录的版本号一致性检查。 （2）远动装置参数配置正确性检查
4	远动装置采集数据品质位检查	远动装置数据采集异常（网络中断或退出测控单元）时，传送系统数据保留原值并带无效标志位
5	远动装置双机切换检查	（1）切换前双机数据一致性检查。 （2）关闭值班远动装置的工作电源或拔掉双网线，切换时间检查（正常小于30秒）。 （3）切换过程中模拟、开入信号转发正确性检查（无误发、漏发、重发信号）
6	远动装置重启、复位检查	远动装置断电重启、复位后，无误发、漏发、重发信号，不发生抢主机现象
7	远动装置至各级调度通信状况检查	（1）通道指示灯（或面板液晶主画面上的通道通信状态）正确性检查。 （2）转发报文格式正确性检查。 （3）传送地调、省调、网调远动装置转发表与有效的转发表一致性检查
8	遥控权限切换检查	检查调度/当地把手切换至当地后，闭锁调度遥控功能
9	模拟通道中心频率、波特率和收发电平检测	通道转发电平特征测试［中心频率范围为（1700±500）Hz或（1700±400）Hz，波特率不低于1200bps，电平范围为－20～0dbm，按相关调度标准核对］

（三）时间同步系统定检

时间同步系统定检主要包括外观、接线、状态、精度以及输出信号检测。时间同步系统定检主要作业明细见表4－5。

表4－5 时间同步系统定检主要作业明细

序号	作业项	内容明细
1	图纸核对	核实图纸与现场实际接线的一致性
2	装置的外观检查	（1）时间同步系统装置上应用铭牌或外壳上应有装置名称、型号、出厂编号、出厂日期、制造厂名等。 （2）面板显示值是否完整、清晰，无异常信息［面板上应显示有当前使用的时间基准信号、搜星数、北京时间（年、月、日、时、分、秒）］。 （3）面板电源状态指示灯、时钟同步信号指示灯，故障信号指示灯显示正确性检查
3	屏内接线检查	（1）检查时间同步系统对时接线是否紧固可靠、标示正确、相应电缆无破损。 （2）装置地线和机柜接地排是否接触良好
4	天线馈线防雷器检查	检查时间同步系统装置的信号接收天线接口处是否正确加装天线防雷器，防雷器是否完好
5	时间同步系统故障告警检查	时间同步系统发生故障时，装置应发故障告警信号。检查模拟装置是否有失电、天线故障等情况，检查报警指示灯显示及报警信号上送监控后台的正确性
6	时间同步系统切换装置切换功能检查	时间同步系统主时钟发生故障时，切换装置应自动切换到备时钟工作。模拟主时钟故障情况时，时间同步系统应自动切换到备时钟工作
7	时间同步系统对时扩展装置输出信号类型检查	根据厂家提供的系统说明书及二次竣工图，确认时间同步系统对时扩展装置输出的时间同步信号类型的正确性
8	时间同步装置输出的时间同步信号的同步准确度检测（可选）	将时间同步装置输出的时间同步信号接入标准时间同步校验仪的输入接口，对时同步时钟输出的同步信号和标准测试仪内部装置时钟进行比较，测试出时差。测试结果满足以下要求： （1）秒脉冲信号：光纤（1μs）、RS－422/RS－485（1μs）、静态空接点（3μs）、TTL电平（1μs）； （2）分脉冲信号：光纤（1μs）、RS－422/RS－485（1μs）、静态空接点（3μs）、TTL电平（1μs）； （3）串口时间报文信号：光纤（～10ms）、RS－422/RS－485（～10ms）； （4）IRIG－B（DC）信号：光纤（1μs）、RS－422/RS－485（1μs）、TTL电平（1μs）

续表

序号	作业项	内容明细
9	时间同步系统对时扩展装置输出的时间同步信号的同步准确度检测（可选）	将时间同步系统对时扩展装置输出的时间同步信号接入标准时间同步校验仪的输入接口，对时间同步装置输出的同步信号和标准测试仪内部装置时钟进行比较，测试出时差。测试结果满足以下要求： （1）秒脉冲信号：光纤（1μs）、RS－422/RS－485（1μs）、静态空接点（3μs）、TTL电平（1μs）； （2）分脉冲信号：光纤（1μs）、RS－422/RS－485（1μs）、静态空接点（3μs）、TTL电平（1μs）； （3）串口时间报文信号：光纤（～10ms）、RS－422/RS－485（～10ms）； （4）IRIG－B（DC）信号：光纤（1μs）、RS－422/RS－485（1μs）、TTL电平（1μs）
10	测控装置对时精度检测	将开关量发生器的同一输出信号同时接入时间同步校验仪的外部事件输入端子以及测控装置的遥信端子，启动开关信号变位，将监控系统记录的SOE报文时标信息与时间同步校验仪记录的触发事件时间信息进行比较，测试时差应不大于1ms

（四）UPS系统定检

UPS系统定检主要包括外观、接线、工况、输入输出电压、负荷状况、告警信息等检测。UPS系统定检主要作业明细见表4－6。

表4－6　UPS系统定检主要作业明细

序号	作业项	内容明细
1	外观及状态检查	（1）UPS面板报警、指示灯状态正确性检查（确认逆变器、整流器在工作状态，交流输入断路器、旁路输入断路器、直流输入断路器、静态旁路切换开关在运行状态，手动维修旁路开关在断开状态）。 （2）UPS配电屏面板交直流电源进线及UPS输出交流电压、电流的空开指示状态正确性检查［输入交流电压可变范围：380V（220V）±15%，输入直流电压：110V（220V）+（10%～12%），输出电压：220V±1%（静态）］。 （3）单台UPS的负载是否超过50%。 （4）接线回路检查，无松动、无烧痕
2	运行参数测量	（1）测量环境温度、湿度和屏柜内温度（柜内UPS散热风扇转速合理、无异响，积灰不影响运行，温度不超过35℃，无烧焦等异常气味，无异常噪声。）。 （2）用万用表测量屏内双路交直流电源进线电压、输出电压，并与UPS监视屏显示值核对（电压输出波动220±1%V）。 （3）测量及记录电池充电电压、充电电流值。（UPS使用自带电池时进行测量）

续表

序号	作　业　项	内　容　明　细
3	逆变功能测试（单台逐一进行）	（1）确认UPS交流输入、直流输入和静态旁路开关在合闸状态，检修旁路和母联开关在断开状态。 （2）断开整流器交流输入开关，由电池供电，并检查断电后面板指示灯状态是否正常，测试逆变器运行是否正常；切换时不影响UPS供电设备的正常运行，无重启发生，报警记录正常。 （3）恢复整流器交流输入开关，UPS恢复逆变运行状态。两台UPS轮换测试。 （4）测试由逆变器运行手动转换到静态旁路运行，转换时不影响UPS供电设备的正常运行，无重启发生，报警记录正常。 （5）测试由静态旁路运行手动转换到逆变器运行，转换时不影响UPS供电设备的正常运行，无重启发生，报警记录正常。 （6）两台UPS轮换测试
4	交流输入切换功能测试	交流输入电源回路备投检查：分别断开UPS电源屏两路交流电源进线电源空开，两路交流电源进线备投正常
5	监控后台机信息核对	（1）UPS遥测及报警信号检查：查看后台机显示的UPS输入及输出电压、电流等数据与UPS电源屏监控数据，监控器显示的电压、电流数据与后台机显示的电压、电流数据一致。 （2）在UPS逆变功能测试和交流输入切换功能测试时，集中监控器报警信号与后台机报警信号反应一致

（五）PMU系统定检

PMU系统定检主要包括外观、接线、对时、历史数据存储、录波功能、采集精度等检测。PMU系统定检主要作业明细见表4－7。

表4－7　　PMU系统定检主要作业内容明细

序号	作　业　项	内　容　明　细
1	设备外观检查	检查屏柜、屏柜内数据集中器、采集装置、时间同步装置、交换机、电源、辅助分析单元、光电转换等设备外观、指示灯是否正常，相关尾纤、网线、电源线等线缆连接正常，标志正确
2	设备状态系统侧检查	联系WAMS系统侧运维人员进行厂站端连接状态检查，历史数据调用检查。确认厂站数据、管理管道连接正常，报文正常
3	辅助分析单元检查	通过辅助分析单元或人机界面检查运行告警和数据，确认无告警，数据与现场实际一致
4	软件版本信息登记	登记并核查数据集中器、采集装置软件版本，软件版本应与有效记录的版本号一致
5	对时功能检查	检查数据集中器、采集装置时间同步对时功能正常，时间同步显示时间正确

续表

序号	作业项	内容明细
6	历史数据存储功能检查	通过站端人机界面检查数据存储功能，数据完整，时间正确
7	暂态录波功能检查	通过站端人机界面检查暂态录波功能，检查录波参数设置是否正确
8	采样精度检查	通过站端人机界面检查采样精度，电流、电压采样精度不低于0.2%，频率采样范围满足25～75Hz要求

（六）二次安防及网络设备定检

二次安防及网络设备定检主要包括工况、通信状态、策略、日志等检测。二次安防及网络设备定检主要作业明细见表4-8。

表4-8　二次安防及网络设备定检主要作业明细

序号	作业项	内容明细
1	所有二次安防及网络设备指示灯及外观检查	（1）设备电源灯、运行灯、端口信号灯等指示灯正确性检查。 （2）电源接线、网络接线完好、正确性检查
2	检查各二次安防及网络设备的通信业务情况	与各业务部门落实，经过二次安防设备通信的各类业务是否正常
4	检查各二次安防及网络设备的系统运行情况	（1）登录设备检查设备CPU、内存占用率（对比上一次检查记录，应无大幅上升趋势）。 （2）登录设备检查端口运行信息（用端口均应处于UP状态，无频繁UP-DOWN现象）。 （3）登录设备检查防火墙策略状态（处于启用状态）。 （4）登录设备检查证书隧道状态（正常）。 （5）登录设备检查系统日志（无入侵、攻击历史事件）。 （6）备份当前配置
5	配置更改	（1）配置更改严格执行策略变更方案。 （2）双机冗余配置的设备，逐台进行更改；前一台设备更改完成运行正常后，再更改第二台。 （3）保存并备份更改后的配置

（七）测控装置定检

变电站自动化系统中的测控装置定检主要包括装置工况、接线、四遥功能、同期合闸，以及回路准确性、绝缘检测等作业。测控装置定检主要作业内容明细见表4-9。

表 4-9 测控装置定检主要作业内容明细

序号	作业项	内容明细
1	外观检查	检查屏柜、装置、端子箱、二次接线的标志、外观
2	测控装置参数检查	检查装置同期定值、时间同步、防抖参数、遥测死区、版本正确性
3	绝缘检查	检查电流、电压、信号以及控制回路绝缘性能
4	遥测功能检测	检查电流、电压、有功、无功、频率等量测的相对误差是否满足规范
5	遥信功能检测	检查装置的开入正确性
6	遥控功能检测	检查开关、刀闸的就地、远方操作功能及回路正确性
7	同期功能检测	检查开关同期、无压、合环、不检等功能及回路正确性
8	事件顺序记录（SOE）功能测试	使用开关量发生器分别产生3路开关信号，接到测控装置3路遥信开入回路，设置发生器依次延时2ms触发信号，按照正序、逆序分别进行触发，测控装置报告及监控后台系统事件简报窗显示发生顺序与发生器设置一致，应无翻转、错乱现象

四、变电站自动化系统设备改造、大修及升级

结合变电站自动化系统设备运行年限及状态情况，对软件、硬件无法满足系统运行要求且无法通过维护检修提升状态的，需要进行大修、改造。具体作业可分为：系统程序升级，板件、模块大修，整体更换改造。

（一）系统程序升级

变电站自动化系统设备程序升级主要包括监控后台机、五防系统主机、远动装置、测控装置、UPS系统主机、PMU系统主机等，主要作业明细见表4-10。

表 4-10 变电站自动化系统设备程序升级主要作业明细

序号	作业项	内容明细
1	作业方案编制	按工作内容编制具体升级工作实施方案，主要内容应包括：工作概况、工作内容、人员组织、工作实施步骤、工作时间计划、工作风险控制措施、工作验收要求等
2	升级前检查状态记录与数据备份	备份数据库、图库、原版本程序，记录设备运行状态
3	升级设备退出运行	将升级设备退出运行： （1）退出设备相关的遥控出口压板，并将相关的“远方/就地”把手打至“就地”位置。 （2）设备退出网络运行（确认双网均断开）

续表

序号	作业项	内容明细
4	设备升级	对需要升级的设备进行逐一升级，升级完成一台设备，确保运行正常后，再升级下一台设备
5	升级后设备状态确认	（1）核对遥测、遥信与实际运行一致。 （2）遥控、遥调出口试验返校试验，并对具备条件的设备进行出口抽查试验。 （3）冗余配置的主机升级后，需进行双机或多机切换试验。 （4）其余功能验证
6	程序及数据备份	备份当地监控数据库、图库、监控程序

（二）板件、模块大修

变电站自动化系统设备一般均为模块化构成，根据各设备的运行状态，时常需要对部分异常板件、模块进行更换。变电站自动化系统设备板件、模块大修主要作业明细见表4-11。

表4-11　变电站自动化系统设备板件、模块大修主要作业明细

序号	作业项	内容明细
1	作业方案编制	按工作内容编制具体板件、模块更换工作实施方案，主要内容应包括：工作概况、工作内容、人员组织、工作实施步骤、工作时间计划、工作风险控制措施、工作验收要求等
2	更换前检查状态记录与数据备份	备份数据库、图库、原版本程序，记录设备运行状态
3	更换板件、模块设备退出运行	（1）退出设备相关的遥控出口压板，并将相关的“远方/就地”把手打至“就地”位置。 （2）设备退出网络运行（确认双网均断开）。 （3）关闭设备电源
4	设备更换	（1）执行相关二次安全措施（封闭相关电流回路、断开相关电压回路，脱离相关电源回路，严禁造成运行中的电流回路开路、电压回路短路或接地）。 （2）检查新板件、模块型号、外观、布线、焊接的完好性（基本要求：板卡电流回路无开路、电压回路无短路、外观无破损异常）。 （3）拆除老板卡相关接线、拔出板卡（拆线、拔板前需再次核对安全措施布属的完整性）。 （4）安装新板卡、模块，完善相关接线。 （5）板件、模块上电，检查其运行的状态。 （6）板件、模块运行正常后恢复二次安全措施

续表

序号	作业项	内容明细
5	更换后设备状态确认	（1）核对遥测、遥信与实际运行一致。 （2）遥控、遥调出口返校试验，并对具备条件的设备进行出口抽查试验。 （3）冗余配置的主机升级后，需进行双机或多机切换试验。 （4）其余功能验证
6	程序及数据备份	备份当地监控数据库、图库、监控程序

（三）整体更换改造

变电站自动化系统设备运行年限达到整体更换年限（运行12年及以上），或单个设备异常无法修复时，应对整套设备或单台设备进行整体更换改造，主要作业明细见表4－12。

表4－12　变电站自动化系统设备整体更换改造主要作业明细

序号	作业项	内容明细
1	作业方案编制	按工作内容编制具体升级工作实施方案，主要内容应包括：工作概况、工作内容、人员组织、工作实施步骤、工作时间计划、工作风险控制措施、工作验收要求等
2	更换前检查状态记录与数据备份	备份数据库、图库、原版本程序，记录设备运行状态
3	更换设备退出运行	（1）退出设备相关的遥控出口压板，并将相关的“远方/就地”把手打至“就地”位置。 （2）设备退出网络运行（确认双网均断开）。 （3）关闭设备电源
4	设备更换	（1）执行相关二次安全措施（封闭相关电流回路、断开相关电压回路，脱离相关电源回路，严禁造成运行中的电流回路开路、电压回路短路或接地）。 （2）检查新设备型号、外观、布线、板卡、模块的完好性，测试报告满足运行需求。 （3）拆除老设备。 （4）安装新设备，完善相关接线。 （5）新设备上电，检查其运行的状态。 （6）新设备运行正常后恢复二次安全措施
5	更换后设备状态确认	（1）核对遥测、遥信与实际运行一致。 （2）遥控、遥调出口试验返校试验，并对具备条件的设备进行出口抽查试验。 （3）冗余配置的主机升级后，需进行双或多机切换试验。 （4）其余功能验证
6	程序及数据备份	备份当地监控数据库、图库、监控程序

变电站自动化系统整体达到运行年限，需要对整体系统改造时，按新变电站建设，开展系统整体设计、安装、测试、验收，全部设备及其相关数据满足运行要求后才可投入运行。

五、变电站自动化系统设备缺陷处理

变电站自动化系统设备组成多，设备缺陷表现不一，具体的缺陷处理方式不一致，各缺陷具体处理步骤难以详尽描述，本书只对缺陷处理的基本步骤方法进行描述。系统运行中出现缺陷时，通常需要开展以下作业进行处理。变电站自动化系统缺陷处理主要作业明细见表4-13。

表4-13　变电站自动化系统缺陷处理主要作业明细

序号	作业项	内容明细
1	缺陷表现分析	对缺陷表现进行分析，大致判定缺陷可能的设备位置以及产生的原因
2	缺陷定位	根据缺陷表现分析结果，现场对可能出现异常的设备、回路、参数设置进行逐一排查
3	缺陷处理	（1）设备板块更换，更换前需记录设备参数及地址，并对相关配置、历史数据做好备份。 （2）执行相关二次安全措施（封闭相关电流回路、断开相关电压回路，脱离相关电源回路，严禁造成运行中的电流回路开路、电压回路短路或接地）。 （3）检查新板件、模块型号、外观、布线、焊接，以及需要更换回路、部件的外观和绝缘性能（基本要求：板卡电流回路无开路、电压回路无短路、外观无破损异常、回路、部件外观完好，绝缘性能良好）。 （4）拆除老板卡相关接线、拔出板卡（拆线、拔板前需再次核对安全措施布属的完整性）。 （5）安装新板卡、模块，完善相关接线。 （6）板件、模块上电，检查其运行的状态。 （7）板件、模块运行正常后恢复二次安全措施。 （8）备份当地监控数据库、图库、监控程序。 （9）功能验证
5	缺陷处理验收	（1）设备缺陷处理完成、性能测试完毕后，工作班负责人对缺陷处理情况进行验收。 （2）工作班人员验收合格后由运行人员现场验收
6	缺陷数据整理归档	收集缺陷处理资料，将相关设备缺陷情况记录进设备运行日志中，有缺陷管理系统的还需完成缺陷信息的系统录入与闭环

六、变电站自动化系统数据维护

变电站自动化系统数据维护包括单装置参数维护和监控系统参数维护两部分。单装置的参数维护通常结合设备定检、新设备调试进行设置，巡视工作中核对其正确性，一般不单独开展作业。监控系统参数维护则根据运行变化需求，需对其相关参数进行维护。主要包括：设备，显示，模拟量，状态量，控制量，计算量，报表，事件、故障、异常数据设定参数，历史数据，用户权限等数据维护作业。

（一）设备显示及其属性数据维护

变电站自动化系统维护人员使用监控系统提供的图形编辑器，根据监控人员画面监视的需求，分层、分平面的进行图形编辑，导入关联数据。

维护人员通过设备图元编辑、画面编辑器完成图元制作，图元属性定义，图元连接点维护，画面分类管理，画面属性定义，画面图元增、删、属性定义，一次设备的维护，静态拓扑结构的生成与维护，以及数据完整性、一致性的检查。

1. 基本图元

基本图元是作图的基本元素，它包含静态和动态两大部分，静态图元的显示、属性由维护人员指定，而动态图元的显示、属性是与数据库中的某个值相关联，其显示、形状随数据库中值的变化而变化。

基本静态图元主要有直线、椭圆、文字、多线段、多段折线、多边形、矩形、立方体等。图元属性包括填充模式，有实心、图案、空心等。

基本动态图元主要有动态数据或字符串、时间变量、状态变化图形符号，根据数据变化的棒图、潮流、圆形图、蛛网图、饼图、趋势曲线、历史曲线，以及调用敏感点等。

2. 设备图元

变电站自动化监控系统给维护人员提供一个可编辑的元件库，包含电力系统常用的开关、刀闸、接地刀、小车开关、发电机、变压器、电抗器、电容器、线路、CT/PT、母线等元件。画图就是用元件库中的元件以搭积木的方式生成厂站图。

3. 图元维护

维护人员按名称调用符号，设备图元是全局的，定义的设备图元可以在每个不同的画面中使用。若现有图元无法满足变电站自动化监控图绘制的需要，维护人员可以用已绘制的基本图元进行组合，指定设备图元名后存入设备图元库。

4. 监控画面维护

维护人员使用画面编辑、维护工具调用设备图元元件库，根据变电站实际电力设备构成，通过搭积木的方式构筑厂站图，再通过厂站图关联设备数据库，或者以图形制导的方式自动生成数据库定义。

（二）模拟量数据维护

变电站自动化系统模拟量主要包括主变及线路的有功功率、无功功率、功率因数，主变及线路的电流，母线电压，主变、电抗器油温，以及周波等。

数据维护工作主要包括：模拟量的工程系数、转换系数、归零范围、数据合理性检查范围设定，合理上下限值范围，越限报警、存储时限设定，刷新死区范围，线路、设备功率方向，线路电度量关联关系，计算模拟量公式，以及模拟量正常、异常、相别颜色标志等数据的定义与修改。

（三）状态量数据维护

变电站自动化系统状态量主要包括事故总信号、断路器位置、隔离开关位置、接地开关位置、预告信号、保护动作信号、各种设备的本体信息、工况等。状态量数据维护工作主要包括以下参数：

（1）达到检修断路器事故跳闸或断路器拉闸次数。

（2）挂牌关联闭锁的状态量报警和操作参数。

（3）闭锁标志或人工设值丢弃的实时状态量参数。

（4）常开接点和常闭接点的状态转换参数。

（5）不同状态（无效、正常、变位、事故、人工置数、检修）开关量的颜色、符号、语言报警参数。

（6）状态量推送事故处理指导窗的条件参数。

（7）光字牌显示遥信接点参数。

(8) 遥信的操作闭锁条件参数。

(9) 遥信报警存储时，要存储其动作时间、值、状态、恢复时间及人工确认的时间参数。

(10) 状态量报警等级及确认方式参数。

(11) 追忆时间（事故前追忆时间和事故后追忆时间）参数。

(12) 事故数据反演放映的速度参数。

(13) 信号的计时、计次、延时、自保持处理参数。

(14) 各种事件发生时的报警方式参数。

（四）控制量数据维护

变电站自动化系统可进行断路器、隔离开关分合、断路器检同期合、检无压合、变压器分接头升/降/停、电容器电抗器投/退操作。控制命令可以由变电站运行操作人员通过后台监控机发出，也可以由电压无功调节功能自动发出，或由远方调度发出。控制量数据维护工作主要包括操作员口令设置、操作过程闭锁条件设置、电压无功自动调节限值和闭锁条件设置等。

（五）计算量数据维护

变电站自动化系统中除大量的实际测数据外，还有大量的计算数据。其计算子系统以在线方式，按照变化及规定的周期、时段处理计算数据。计算种类主要包括总加计算，限值计算、平衡率计算、累加计算、功率因素计算、挡位计算、电度计算、各种操作或事件触发条件计算。计算量数据维护工作主要包括各类公式编辑、统计限值、时间、报警以及存储周期等参数维护。

（六）报表数据维护

变电站自动化系统配置有报表管理系统，用于生成电力系统历史数据和实时数据的报表，提供报表的编辑、显示、打印功能。报表数据维护主要对报表显示格式、数据来源、数据统计方式与周期以及数据存储周期参数进行设置与修改。

（七）事件、故障、异常数据设定参数维护

变电站自动化系统可将系统运行的各种信息按时间先后顺序，依设定的

分类规则登录到相应的事件一览表中。事件一览表包括状态变化登录表、遥测越限登录表、操作登录表、SOE 登录表等。各种登录表可按对象、类型、操作人员、时间进行查询显示。

事件发生时，在简报窗口中显示故障信息，并登录到事件一览表中，对需要音响、语音、闪光、自动推画面、光字牌显示报警的信息分别进行相应处理。事件发生后，自动进行事件数据追忆。

事件、故障、异常数据设定参数维护需要对登录事件的类型、确认方式、事故报警音响、语音、闪光、自动推画面、光字牌以及事故数据追忆时长进行设定。

（八）历史数据维护

变电站自动化监控系统可提供历史数据查询、统计、修改功能。数据维护可对查询显示、统计方式、时长进行维护，也可对历史数据进行编辑修改，但人工修改的数据在数据库中会标上人工修改的标志。

（九）用户权限数据维护

变电站自动化监控系统为不同用户提供系统不同等级的控制权限，维护人员需要根据系统用户的身份及工作职责的不同对用户的数据查询、设备控制、参数修改、报表修改等权限进行维护，以确保系统的安全使用。

第二节　变电站自动化系统运维作业风险评估

一、变电站自动化系统运维作业危害及风险分析

（一）变电站自动化系统运维作业危害分析

（1）变电站自动化系统运维作业风险评估。对作业的危害辨识与风险评估主要针对作业任务执行过程进行，目的是分析各作业过程中可能遇到的危害因素及其风险的大小。

（2）变电站自动化系统运维作业危害。指在作业过程中可能导致作业人员伤害或疾病，电网、设备财产损失，工作环境破坏，或这些情况组合的条件或行为。通常变电站自动化系统运维作业中的危害有物理、化学、人机工效、社会-心理、行为、环境、能源七类危害。

1）物理危害。主要包括：作业中作业人员体位不当，碰撞设备或构件给人员造成伤害；人员接触异常设备，漏电或发烫造成人员触电或烫伤；长期视频作业视频辐射对作业人员造成伤害等。

2）化学危害。作业人员接触有毒有害气体对人体造成伤害，主要包括：SF_6 气体分解，电缆外壳燃烧、发热，变压器油高温高压产生的有毒有害气体和物质等。

3）人机工效危害。主要包括：使用不安全的工器具给人造成的各类伤害，作业中配电柜内、电缆沟内作业空间狭小造成人员和设备碰撞受伤或损坏，以及作业中因作业点光线不足，导致人员误碰、误触、误接线，造成人员伤害、设备损伤等。

4）社会-心理危害。主要包括：工作时间短、工作压力大，人员精神状况不足等原因造成人员作业紧张、精神不集中，导致误碰、误触人身受伤或设备损坏。

5）行为危害。主要包括：作业人员经验不足、作业不规范、工器具使用不当造成人员伤害、设备损伤。

6）环境危害。主要包括：作业环境的高温、低温对作业人员造成的伤害；恶劣气候天气下作业，雷电、雨天作业场地湿滑，造成人员伤害。

7）能源危害。作业中误碰带电设备，误入带电间隔且与带电体安全距离不足，造成作业人员人身触电。

（二）变电站自动化系统运维作业风险取值

（1）变电站自动化系统运维作业风险。指某一特定危害可能造成损失或损害的潜在性变成现实的机会，通常表现为某一特定危险情况发生的可能性和后果的组合。为方便风险管理，在风险评估中可使用后果、暴露、可能性的乘积进行风险值计算。风险评估公式为

$$风险值=后果\times暴露\times可能性$$

（2）后果取值。按变电站自动化系统运维作业中各项危害造成事故事件中最可能产生的后果进行评判取值。具体可按作业引发事故造成的人身伤亡、电网损失、设备损失、环境破坏后果的严重程度进行评分。

1）人身伤亡。因变电站自动化系统维护作业事故事件引发人身伤亡，按伤亡人数计算分值。

2）电网损失。因变电站自动化系统维护作业事故事件引发电网事故事件，按供电损失和客户影响计算分值。

3）设备损失。因变电站自动化系统维护作业事故事件引发设备损坏，按设备损坏价值计算分值。

4）环境破坏。因变电站自动化系统维护作业事故事件引发环境破坏，按破坏程度计算分值。

变电站自动化系统维护作业事故事件可能引发的后果参考分值见表4-14，实际应用中可根据实际情况进行调整，最终以风险量化更准确、更有利于风险管控为准。

表4-14　变电站自动化系统维护作业事故事件可能引发的后果参考分值表

序号	事故事件后果	严重程度	参考分值
1	人身伤亡	死亡3人及以上，或重伤人数10人及以上	100
2		死亡1～2人，或重伤3～9人	50
3		重伤1～2人	25
4		轻伤3人及以上	15
5		轻伤1～2人	5
6		轻微伤害1人	1
7	电网损失	500kV及以上电压等级变电站全站失压	100
8		220kV及以上电压等级变电站全站失压，500kV变电站2条以上线路失压	50
9		110kV及以上电压等级变电站全站失压，220kV变电站2条以上220kV线路失压	25
10		35kV及以上电压等级变电站全站失压，110kV变电站2条以上110kV线路失压	15
11		1条35kV线路失压	5
12		1条10kV线路失压	1
13	设备损失	设备或财产损失不小于1000万元	100
14		设备或财产损失100万～1000万元	50
15		设备或财产损失10万～100万元	25
16		设备或财产损失1万～10万元	15
17		设备或财产损失1000～10000元	5
18		设备或财产损失小于1000元	1

续表

序号	事故事件后果	严　重　程　度	参考分值
19	环境破坏	严重违反国家环境保护法律法规，环境恢复困难	100
20		政府要求整顿的环境破坏	50
21		影响到周边居民及生态环境，引起居民抗争	25
22		对周边居民及环境有些影响，引起居民抱怨、投诉	15
23		轻度影响到周边居民及小范围（现场）生态环境	5
24		对现场景观有轻度影响	1

（3）暴露取值。按变电站自动化系统维护作业存在的危害引发最可能后果的事故序列中第一个意外事件发生的频率进行评判取值。具体参考分值见表 4－15，实际应用中可根据实际情况进行调整，最终以风险量化更准确、更有利于风险管控为准。

表 4－15　　变电站自动化系统维护作业暴露程度参考分值表

序号	引发事故序列的第一个意外事件发生的频率	参考分值
1	本单位每天发生多次	100
2	本单位每天发生 1 次至每周发生 1 次	50
3	本单位每周发生 1 次至每月发生 1 次	25
4	本单位每月发生 1 次至每年发生 1 次	15
5	本单位曾经发生过	5
6	国内其他单位曾经发生过	1

（4）可能性取值。按一旦意外事件发生，随时间形成完整事故顺序并导致结果的可能性进行评判取值，具体参考分值见表 4－16。

表 4－16　　变电站自动化系统维护作业可能性程度参考分值表

序号	事故序列发生的可能性	参考分值
1	如果危害事件发生，即产生最可能和预期的结果	10
2	如果危害事件发生，有 50％左右的概率可能和预期的结果	6
3	如果危害事件发生，有 25％左右的概率可能和预期的结果	3
4	如果危害事件发生，有 10％左右的概率可能和预期的结果	1
5	如果危害事件发生，有 5％左右的概率可能和预期的结果	0.5
6	如果危害事件发生，有 1％左右的概率可能和预期的结果	0.1

二、变电站自动化系统运维作业风险评估实例

根据上述作业识别及风险评估基本原则，以规模为变电站总数69座（500kV变电站2座，220kV变电站13座，110kV变电站55座，35kV变电站3座站），维护人员30人的地市供电局为例，进行变电站自动化系统运维作业风险评估。

（一）变电站自动化系统巡检作业风险评估

变电站自动化系统巡检作业风险评估按作业步骤及作业风险分布情况进行，具体见表4－17。

表4－17　　变电站自动化系统巡检作业风险评估表

作业步骤	作业风险分布	风险后果	风险值计算				控制措施
			后果	暴露	可能性	风险值	
设备及参数检查	误操作设备或误更改参数	设备不能正常运行	25	1	1	25	（1）一人操作一人监护，严格按照设备说明书进行操作。 （2）参数查看前必须进行记录或备份，更改参数必须由监护人确认无误后方可执行
设备及参数检查	二次回路检查时误碰、误触运行设备	人身伤亡，1～2人轻伤	25	1	1	25	（1）根据图纸进行二次回路检查，不可触碰端子。 （2）工作前应核对设备名称、编号以及柜、屏、箱内设备带电的情况，明确工作地点及范围，交代清楚带电部位，并得到具体工作人员的确认，明确工作地点及范围且照明、视线良好。 （3）作业前绝缘封贴工作屏柜中的运行设备（包括设备、端子、空开、压板、操作把手等）及带电端子。 （4）使用完好且带有绝缘包裹的工具

（二）测控装置定检作业风险评估

测控装置定检作业风险评估见表4－18。

表 4-18 测控装置定检作业风险评估表

作业步骤	作业风险分布	风险后果	风险值计算				控制措施
			后果	暴露	可能性	风险值	
1. 工作准备阶段	未向调度自动化值班人员申请数据封锁	调度端数据跳变	25	1	1	25	工作开始前向各级调度申请封锁数据
	误碰运行设备	导致设备异常或停运	15	1	0.5	7.5	工作开始前将同一块屏内与工作无关的运行装置、空开、连接片、端子、把手等用绝缘胶布封贴
2. 执行二次措施单	误碰带电的电压回路	二次电压异常	50	0.5	0.5	12.5	用万用表测量电压回路带电情况，对外回路带电的二次电压端子外侧用绝缘胶布封贴
	操作不当引起电压回路短路（电流回路开路）	烧坏设备元件或二次回路	50	0.5	0.5	12.5	（1）编制二次措施单时，认真查看图纸，现场核实二次措施单与实际情况是否相符。 （2）严格执行二次安全措施单编、审、批流程。 （3）执行二次措施单时逐项进行，不得跳项漏项，执行时拆一根包一根，并认真核对
3. 搭接工作电源	在检修电源箱（继电保护试验电源屏）、搭接工作电源时碰到箱内（屏内）低压带电部分	人身伤亡	50	1	0.5	25	（1）人体不得同时触碰两根线头，此时如电源箱狭窄不易操作，应断开相邻空开，引线绝缘包扎。 （2）使用有绝缘柄的工具，工作时站在干燥的绝缘物上进行。 （3）确保电源箱内装设漏电保护器。 （4）接电源前用万用表确认接线端无电，设专人监护
	变电站内检修电源箱接电源时可能将220V接成380V	设备损坏	50	1	0.5	25	（1）看清低压检修电源箱380V、220V电源标志。 （2）用万用表确认电压幅值后再接入
4. 二次回路绝缘测试	二次回路绝缘测试前未向其他工作人员告知	人身触电伤害	5	1	1	5	（1）进行二次回路绝缘测试时，通知对侧人员暂停工作，若涉及地点较多应安排专人在测试点对侧进行安全监护。 （2）绝缘测试结束后，将被测芯线对地放电。 （3）选择适当的绝缘表安放位置，保持足够安全距离，以免绝缘表引线触碰带电部分

续表

作业步骤	作业风险分布	风险后果	风险值计算				控制措施
			后果	暴露	可能性	风险值	
4. 二次回路绝缘测试	工作之前未认真查阅图纸并落实现场实际情况，错误测试运行回路	运行设备停运	50	1	1	50	（1）工作前，查阅图纸，用绝缘胶布将不在工作范围内的电流回路用绝缘胶布封贴，3/2 接线方式的边断路器要注意母线差动电流回路，中断路器要注意至同一串运行线路的和电流回路。 （2）绝缘测试在测控屏处开展，不得在端子箱处测试
5. 遥测量检验	未详细核实图纸资料及现场实际情况，试验接线错误并加量测试	测控装置异常或损坏	15	1	3	45	（1）工作负责人对照装置原理图核查试验接线，保证接线的正确性。 （2）确认待加量二次电流、电压回路装置侧无电，TA、TV 二次侧已断开并进行了绝缘封贴。 （3）电流量加量不能超过 1.2A（1.2 倍额定电流值）
	拆除试验接线前未停止试验加量	人身伤害	5	1	1	5	拆除接线前必须停止加量，查看装置确无模拟量显示后方可拆除接线
6. 遥信开入量正确性检验	工作人员看错回路号和端子号或图纸错误，短接错误引起短路	人身伤害	25	1	1	25	（1）遥信开入量检验优先采用实际模拟的方式，尽量避免采用短接回路的方式。 （2）确实需通过短接方式时，检验前核实清楚回路原理，执行前先用万用表直流挡测量短接端子的对地电压，电压正常再进行试验。 （3）使用带有绝缘包裹的短接线，短接线长短合适，使用短接线时严禁触碰金属部分
7. 事件顺序记录(SOE)性能检验	未认真执行二次措施单，工作前未认真查阅相关图纸	测控装置异常或损坏	15	1	3	45	执行前先用万用表直流挡测量接线端子的对地电压，电压正常时再接线

续表

作业步骤	作业风险分布	风险后果	风险值计算				控制措施
			后果	暴露	可能性	风险值	
8. 同期功能检验	工作之前未仔细辨识工作范围，未认真分析该工作的安全隐患，误操作断路器	电网停电	50	1	1	50	(1) 切除检修间隔对应的遥控出口连接片。 (2) 可以通过测量遥控回路电位的方式检测遥控回路的正确性
	同期功能检验结束后，未按定值通知单要求输入定值，定值错误或异常	断路器非同期合闸或无法正常合闸送电	15	1	3	45	按照定值通知单的要求正确输入定值，两人相互检查核实，严禁单人更改定值
9. 工作结束阶段	未向调度自动化值班人员申请解除数据封锁	调度端数据跳变	25	1	1	25	工作开始前向各级调度申请封锁数据，并填用数据封锁申请表单
10. 现场验收	二次安全措施恢复不到位	设备无法正常工作	15	1	1	15	(1) 工作负责人认真组织人员检查，特别是要注意检查二次措施中电流回路和电压回路确已恢复。 (2) 工作负责人会同许可人到现场检查，终结工作，并办理工作票终结手续

(三) 监控后台机及五防系统主机定检作业风险评估

监控后台机及五防系统主机定检作业风险评估按作业步骤及作业风险分布情况进行，具体评估情况见表4-19。

表4-19　监控后台机及五防系统主机定检作业风险评估表

作业步骤	作业风险分布	风险后果	风险值计算				控制措施
			后果	暴露	可能性	风险值	
1. 软件检查与核对	监护不到位，误更改图形库	监控后台机运行不正常	5	1	0.5	2.5	按工作票内容进行图形编辑，一人工作一人监护

续表

作业步骤	作业风险分布	风险后果	风险值计算				控制措施
			后果	暴露	可能性	风险值	
2. 监控后台机CPU负荷率记录	监护不到位，误结束进程	局部电网停电	50	1	1	50	不结束未确认功能的进程，一人工作一人监护
3. 遥控操作时间测试	误操作运行断路器	监控后台机运行性能下降	25	1	3	75	（1）选择具备遥控操作的检修断路器，通过五防机开具操作票并由2名运行人员遥控操作进行测试。 （2）在工作票备注栏中注明需操作的断路器名称及编号，工作许可人和工作负责人双方签名确认。 （3）涉及修改过遥控配置参数需要遥控测试的，应申请临时切除全站运行断路器遥控出口连接片后再进行遥控测试操作
4. 后台机杀毒记录	误删除不确认的系统文件	监控后台机中毒引起数据库异常	15	1	3	45	（1）正常运行时，禁止在后台机上使用U盘或移动硬盘或光盘。 （2）在监控后台机病毒查杀过程中，选择手动清除模式，避免删除系统文件
5. 数据库备份	使用未经杀毒的U盘或移动硬盘拷贝备份	数据库更改错误引起监控程序运行异常或停运	15	1	3	45	（1）拷贝备份必须使用专用的经杀毒软件杀毒的U盘或移动硬盘。 （2）检查完成后，对监控后台机的“四遥”信息进行检查，确认正确无误
6. 数据库检查	检查过程中误改数据库参数	造成监控程序运行异常	5	1	3	15	（1）在数据库检查中若没有发现错误情况，不要进行保存操作。 （2）检查完成后，对监控后台机的“四遥”信息进行检查，确认正确无误
7. 现场验收	未将数据库等维护工具关闭	造成监控程序运行异常	5	1	0.5	2.5	工作结束前，工作负责人认真组织人员检查确保监控后台机上的维护类程序已关闭

（四）远动装置定检作业风险评估

远动装置定检作业风险评估按作业步骤及作业风险分布情况进行，具体评估情况见表4－20。

表 4-20 远动装置定检作业风险评估表

作业步骤	作业风险分布	风险后果	风险值计算				控制措施
			后果	暴露	可能性	风险值	
1. 修改远动装置配置文件	配置文件修改错误	引起全站“四遥”信息在系统端（调度端及集控站）紊乱及错误，进而导致系统端无法对变电站进行有效监控	5	2	1	10	（1）开展工作前，对远动装置配置文件进行备份，并确保备份正确。 （2）远动配置文件修改完成后，双人交替检查修改部分的正确性，确保不涉及修改部分未被修改。 （3）下装新修改的远动配置文件后，观察远动装置运行情况，同时和系统端值班员核对变电站关键“四遥”信息量（全站断路器、隔离开关位置及各间隔 I、P、Q 值）的正确性
	遥控号配置错误	修改（增加或删除）遥控点时，点号设置错误	5	2	1	10	远动配置文件修改完成后和系统端远传点表一一核对，保证同一遥控对象的遥控点号一致，核对正确后方可下装远动配置文件
2. 下装远动配置文件后重启远动通信装置	未向系统端值班员申请对变电站全站信息数据封锁即进行远动通信装置重启	下装远动装置配置文件至装置后，未向各级调度机构申请对全站信息进行数据封锁即重启远动通信装置	25	1	1	25	工作开始前向各级调度申请封锁数据，并填写使用《申请数据封锁及解除数据封锁记录单》，工作结束后申请解除数据封锁

（五）时间同步系统定检作业风险评估

时间同步系统定检作业风险评估按作业步骤及作业风险分布情况进行，详见表4-21。

（六）UPS 系统定检作业风险评估

UPS 系统定检作业风险评估按作业步骤及其作业风险分布情况进行，详见表4-22。

表 4-21 时间同步系统定检作业风险评估表

作业步骤	作业风险分布	风险后果	风险值计算				控制措施
			后果	暴露	可能性	风险值	
1. 搭接工作电源	在检修电源箱（继电保护试验电源屏）搭接工作电源时碰到箱内（屏内）低压带电部分	人身伤亡	50	1	0.5	25	（1）人体不得同时触碰两根线头，此时如电源箱狭窄不易操作，应断开相邻空开，引线绝缘包扎。 （2）使用有绝缘柄的工具，工作时站在干燥的绝缘物上进行。 （3）确保电源箱内装设漏电保护器。 （4）接电源前用万用表确认接线端无电，设专人监护
	变电站内检修电源箱接电源时可能将220V接成380V	设备损坏	50	1	0.5	25	（1）看清低压检修电源箱380V、220V电源标志。 （2）用万用表确认电压幅值后再接入
2. 装置精度检验	接线错误	时钟装置异常或损坏	5	1	3	15	接线前认真查看装置说明书，按照说明书接线，尤其是空接点有源、无源接线方式不可接错
	带电拔插时钟天线	时钟装置异常或损坏	5	1	3	15	不可带电拔插时钟天线
3. 现场验收	二次安全措施恢复不到位	对时设备不能正常运行	5	1	1	5	（1）工作负责人认真组织人员检查，确保二次安全措施正确恢复。 （2）工作负责人会同许可人到现场检查，终结工作，并办理工作票终结手续

表 4-22 UPS 系统定检作业风险评估表

作业步骤	作业风险分布	风险后果	风险值计算				控制措施
			后果	暴露	可能性	风险值	
1. 交直流输入电压、电流检查	误入、误碰、误触运行设备	人身触电	10	3	1	30	（1）对UPS带电部分进行观察时保持安全距离，严禁用手触及带电设备和带电部位。 （2）从低压屏或UPS电源屏接电源时注意监护。 （3）防止误碰相邻带电设备
2. 负载检查	误操作	导致负载失去电源	25	1	1	25	工作中严格执行工作方案，进行负载切换前应保证另一路电源的所有设备正常，然后才能开始操作

续表

作业步骤	作业风险分布	风险后果	风险值计算				控制措施
			后果	暴露	可能性	风险值	
3. 母联检查	误合检修旁路和母联开关	导致设备损坏和失电	25	1	1	25	双机运行时严禁合母联开关，UPS运行时严禁合检修旁路开关

（七）PMU系统定检作业风险评估

PMU系统定检作业风险评估按作业步骤及作业风险分布情况进行，具体评估情况见表4-23。

表4-23　　PMU系统定检作业风险评估表

作业步骤	作业风险分布	风险后果	风险值计算				控制措施
			后果	暴露	可能性	风险值	
1. 系统配置检查	监护不到位，误更改系统配置	修改错误的配置文件下装后引起全站相量信息在系统端（调度端及集控站）紊乱及错误，进而导致系统端无法对变电站进行有效监控	15	1	1	15	（1）作业前记录下PMU装置系统配置，严格按照厂家说明书开展。 （2）在系统配置检查中若没有发现错误情况，不要进行保存操作
2. PMU通信检查	监护不到位，误更改通信配置	修改（增加或删除）通信参数设置错误	15	1	1	15	（1）严格按照厂家说明书开展检查。 （2）作业前记录下PMU装置通信配置，不可随意更改
3. 现场恢复	未将数据库等维护工具关闭，造成程序异常运行	下装装置配置文件至装置后，未向各级调度机构申请对全站信息进行数据封锁即重启远动通信装置	5	1	3	15	（1）工作结束，工作负责人认真组织人员检查，特别注意检查二次措施恢复中电流回路已恢复，清理现场，做到“工完场清”，确认工作点无遗留物件后，组织人员撤出现场。 （2）将工作完成情况及遗留问题认真向工作负责人汇报。 （3）工作负责人会同许可人到现场检查，终结工作，并办理工作票终结手续

（八）二次安防及网络设备定检作业风险评估

二次安防及网络设备定检作业风险评估按作业步骤及作业风险分布情况进行，具体评估情况见表4-24。

表4-24 二次安防及网络设备定检作业风险评估表

作业步骤	作业风险分布	风险后果	风险值计算				控制措施
			后果	暴露	可能性	风险值	
1. 二次安防设备维护	未按规定程序操作	设备不能正常运行	25	1	1	25	作业前认真查看说明书，严格按照说明书开展工作
	误碰运行中设备的网线、光纤等导致网络异常	（1）设备不能正常运行。 （2）与系统通信中断	25	1	1	25	（1）作业前核实每一台装置的作用以及每一根网线、光纤的走向。 （2）采取封贴等措施防止网线、光纤等松脱
2. 网络设备通信功能试验	（1）试验接线出错。 （2）试验过程中漏步骤，未按照试验设备说明进行试验	通信中断	50	1	1	50	（1）试验前查看试验说明以及厂家技术说明书，熟悉相应的网络设备性能。 （2）工作前应核对设备名称、编号以及柜、屏、箱内设备带电的情况，明确工作地点及范围，交代清楚带电部位，并得到具体工作人员的确认，明确工作地点及范围，且照明、视线良好

（九）系统程序升级作业风险评估

系统程序升级作业风险评估按作业步骤及作业风险分布情况进行，具体评估情况见表4-25。

表4-25 系统程序升级作业风险评估作业风险评估表

作业步骤	作业风险分布	风险后果	风险值计算				控制措施
			后果	暴露	可能性	风险值	
1. 图形界面更改	监护不到位，误更改图形库	误更改监控后台机图库，造成与实际不符，不满足运行要求	5	1	1	5	（1）作业前备份数据库及图形库。 （2）在图形界面检查中若没有发现错误情况，不要进行保存操作。 （3）检测完成后，对监控后台机主接线图、分画面接线图及各开关量、模拟量链接进行检查

续表

作业步骤	作业风险分布	风险后果	风险值计算				控制措施
			后果	暴露	可能性	风险值	
2. 数据库备份	使用未经杀毒的U盘或移动硬盘拷贝备份	监控后台机中毒引起数据库异常	15	1	3	45	（1）拷贝备份必须使用专用的经杀毒软件杀毒的U盘或移动硬盘。 （2）备份前，对信息进行检查，确认正确无误后，方可备份
3. 数据库升级	升级过程中误改数据库参数	引起监控程序运行异常或停运	15	1	3	45	（1）在数据库检查中若没有发现错误情况，不要进行保存操作。 （2）升级完成后，对系统信息进行检查，确认正确无误后，再保存
4. 升级装置程序	错误程序升级后引起全站信息在系统端紊乱及错误，进而导致系统端无法对变电站进行有效监控	系统端信息错误	25	1	1	25	（1）开展工作前对远动装置配置文件进行备份，并确保备份正确。 （2）下装新程序后，观察远动装置运行情况，同时和系统端值班员核对变电站关键“四遥”信息量（全站断路器、隔离开关位置及各间隔 I、P、Q 值）的正确性
5. 升级新程序重启	升级新程序后未向各级调度机构申请对全站信息进行数据封锁即重启	导致调度数据跳变	25	1	3	75	工作开始前向各级调度申请封锁数据，并填写使用《申请数据封锁及解除数据封锁记录单》，工作结束后申请解除数据封锁

（十）板件、模块大修及设备更换作业风险评估

板件、模块大修及设备更换作业风险评估按作业步骤及其作业风险分布情况进行，具体评估情况见表4-26。

三、变电站自动化系统运维作业风险等级划分

参照国内相关标准，根据风险值的高低，可把风险划分为特高（风险值

表 4-26 板件、模块大修及设备更换作业风险评估表

作业步骤	作业风险分布	风险后果	风险值计算				控制措施
			后果	暴露	可能性	风险值	
1. 作业前准备	误入、误碰、误触运行设备	运行设备跳闸	25	3	1	75	（1）板卡更换工作前核查装置说明书，核对插件的型号，确保插件型号无误。 （2）装置更换前核查设计说明、施工方案、装置说明书等资料，明确更换设备位置。 （3）更换前做好相关运行设备隔离，出口插件应进行试验，确保出口继电器功率满足要求。 （4）作业前绝缘封贴工作屏柜中的运行设备（包括设备、端子、空开、压板、操作把手等）及带电端子，并切除断路器遥控压板
2. 更换插件或设备	静电损坏插件	设备异常或带病运行	25	1	1	25	（1）工作前佩戴防静电手环。 （2）使用绝缘包裹的安全工器具
	装置运行性能下降或者出现故障，不能正确动作	设备异常或带病运行	50	1	3	150	（1）更换插件后应使用绝缘包裹的安全工器具将插件紧固。 （2）工作人员更换插件后，由工作负责人进行检查，确保插件已紧固。 （3）更换插件后，上电观察保护装置是否正常运行，查看自检报告，确认正常。 （4）装置更换后，应对设备功能进行调试检查，各项指标满足设备规范要求，装置无异常

≥400）、高（200≤风险值＜400）、中（70≤风险值＜200）、低（20≤风险值＜70）、可接受（风险值＜20）五个等级。

根据上述评估结果，变电站自动化系统运维作业风险多数属于中、低级风险，作业风险控制主要是执行既定的控制措施。

第三节 变电站自动化系统运维作业风险控制

一、变电站自动化系统运维作业风险控制基本原则

变电站自动化系统运维作业风险控制应以风险为主线，按系统化、规范化、持续改进的方式对作业的整个过程进行全面管控，通过有效地利用生产资源，实现过程的有组织、按计划和质量控制，安全、经济、环保地完成工作任务，实现企业的安全生产目标。

（一）作业风险控制环节

作业风险控制分为作业计划、作业准备、作业实施、作业回顾四个环节。

（1）作业计划。在保障人身、电网、设备安全的前提下，以实现安全生产目标和指标为原则，按“横向到边、纵向到底”全方位地对涉及变电站自动化系统运维作业所需的人力、物力资源的工作进行统筹安排。

（2）作业准备。按作业开展所需的“人、机、料、法、环”五项要素分部开展，通过合理的作业计划下达、分解，到位的现场勘察，准确的作业风险评估，齐备的人员、工器具、材料、作业文件准备，为作业的安全高效实施打好基础。

（3）作业实施。包括办理工作许可手续、布置安全措施、规范作业、全面验收、恢复安全措施、完善作业记录、总结作业实施情况，作业实施中相关管理单位应按要求开展监督、检查。

（4）作业回顾。包括作业完成后，班组、所队（公司）、局，按日、周、月、年四个时段对作业的完成情况、暴露问题进行总结、回顾，提出改进措施，促进作业管理提升。

（二）地市级供电单位变电站自动化系统运维作业风险管控责任划分

地市级供电单位变电站自动化系统运维作业风险管控包括计划、准备到年终回顾全过程，主要涉及生产技术部门、安全监管部门、系统运行部门、设备运维部门、外单位五个部门群体。

（1）生产技术部门是本单位作业管理的归口管理部门，负责组织、督

促、检查、指导作业责任单位开展生产作业管理，组织生产计划的编制、执行、调整、考核。

（2）安全监管部门负责组织开展作业监督、检查管理。

（3）系统运行部门负责从电网风险控制、方式平衡方面对生产计划进行平衡，组织编制、平衡检修计划并督促执行。

（4）变电站自动化设备运维部门是从事变电站自动化设备具体运维的单位，负责作业计划、准备、实施、回顾的具体工作。

（5）外单位是与变电站自动化设备所属单位无直接行政隶属关系，从事非生产运行职责范围内的设备、设施检修工作单位或基建施工单位，负责按运维合同要求开展工作。

（三）变电站自动化系统运维作业文件

变电站自动化系统运维作业中对风险和质量进行控制并记录成文件，各类风险控制措施内容纳入作业文件中执行。变电站自动化系统运维作业文件包括作业指导书、记录表、工作票、施工方案四类。系统巡检使用工作票和记录表，装置定检、维护使用工作票和作业指导书，装置升级、板件更换、设备整体更换使用施工方案和工作票，对作业风险进行管控。

（四）变电站自动化系统运维作业分级管控

在地市供电局变电站自动化系统运维作业中，根据作业风险等级和作业场所风险掌握情况、作业本身的技术复杂程度（复杂、较复杂、一般），明确管控层级（局、所队、班组）及具体的管控重点，按照管控层级组织作业准备和落实预控措施，掌握作业进度及风险和质量控制情况。具体管控原则如下：

（1）中等风险作业、低风险且技术复杂的作业应由所队管控。

（2）低风险作业、可接受的风险的作业应由班组管控。

（3）初次开展的作业、临时作业及外包作业宜结合实际情况提高一个管控层级（最高为局级）。

二、变电站自动化系统运维作业计划

变电站自动化系统运维作业计划，根据作业内容的复杂程度和风险大小，按时段分为年度计划、月度计划和周计划。

（1）年度计划。供电单位根据变电站自动化系统运维作业中涉及大量设备更换，需高电压等级一次设备配合停电的作业应报送年度计划。年度计划需在工作前一年制定，计划内容主要包括：设备更换作业的项目内容、资金、实施时间周期，责任人，风险等级，以及管控层级等内容。

（2）月度计划。维护部门根据每月定检、维护、一般及其他缺陷处理等作业，统筹人力、物力、时间等资源的安排，制定部门月度作业计划。月度计划需在工作前一月制定，计划内容主要包括：作业内容、实施责任人、实施工作人员、具体工作时间，风险等级，以及管控层级等内容。

（3）周计划。维护班组根据每周需开展具体作业项目、设备巡视要求、重大缺陷处理等作业，统筹班组人力、物力、时间等资源的安排，制定本班组周作业计划。周计划需在工作前一周制定，计划内容主要包括：作业内容、作业实施步骤、工作负责人、工作班成员、具体工作时间以及风险控制措施等内容。

除计划工作安排外，变电站自动化系统运维班组还需要安排人员 24 小时值班，处理紧急缺陷或设备运行中遇到的突发事件。

三、变电站自动化系统运维作业准备

在作业计划下达后，作业负责人需根据作业风险管控措施，开展作业现场勘察及持续风险评估，准备文件、材料、工器具，组织班人员熟悉作业内容，明确风险管控措施。

（一）现场勘察及持续风险评估

（1）对于作业复杂的设备更换、插件更换、系统升级，作业负责人需在作业前组织现场勘察。外单位作业时，项目管理单位应组织外单位进行现场勘察，并进行安全交底。

（2）现场勘察分为生产计划初稿报送前开展的勘察（以下简称为“初勘”）和办理工作票前开展的复核性勘察（以下简称为“复勘”）两部分。局级管控及涉及承包商的生产作业必须进行初勘，未进行现场勘察的，不得列入月度作业计划。

（3）初勘由作业负责人组织开展，勘察需核对作业任务，评估作业风险，落实停电计划，明确具体停电范围。根据初勘结果制定作业计划，作业计划应包括作业内容、停电范围、管控层级、作业时间等内容，严格按计划作业和临时作业管理要求申报计划。

（4）初勘应查看施工作业需要停电的范围，保留的带电部位，装设接地线的位置，多电源、自备电源，作业现场的条件、环境，以及其他影响作业的危险点。

（5）应根据初勘结果，依据作业的危险性、复杂性和困难程度，制定有针对性的组织措施、安全措施和技术措施。

（6）复勘在办理工作票前开展，由工作负责人、设备管理单位运维人员及相关人员共同开展。勘察中对初勘记录的正确性和作业计划实施所列风险控制措施的可操作、完整性进行复核性检查。复勘中若发现初勘内容存在严重错误（工作地点、保留的带电点位置不正确，所列安全控制措施无法满足工作需求等），工作负责人应及时联系作业责任单位责任人，重新组织开展初勘报送生产计划，拟定风险控制措施，涉及施工方案的，需重新编写相关内容，重新履行审批手续。

（7）工作班成员应结合现场勘察结果，对作业风险控制措施进行复核性评估，完善控制措施。

（8）作业开工前，工作负责人或工作许可人若认为现场实际情况与原勘察结果可能发生变化时，应重新核实，必要时应修正、完善相应的安全措施，或重新办理工作票。

（二）作业文件管理

（1）施工方案是指为指导变电站自动化系统设备、插件更换、系统升级作业活动按预定目标实施的书面文件，包括施工概况、施工地点、时间、停电设备及范围、施工组织措施及机构、施工步骤、方法，施工危险点分析及对策、安全注意事项及风险评估，需要明确工程的风险分析及对应的控制措施，施工的组织、安全和技术措施，人、材料、机具和图纸等资源安排，施工进度安排，施工过程的安全、质量控制要求及对应的自检标准，施工过程可能事故/事件的应急处理程序等。

（2）根据责任划分，作业负责人组织编制施工方案。作业管理责任部门，需对整个施工方案的相关内容进行审核，特别对停电设备、范围、施工步骤、方法以及安全措施等内容应重点审核。对管辖范围内的施工方案进行备案。

（3）外部施工的作业，施工单位负责编制符合现场实际的施工方案，经自审后提交项目责任单位或建设单位、监理单位审核、备案，同时提交运行管理部门、项目责任部门（建设单位）备案，对大型、复杂、风险较高的施工方案还应到项目管理部门及安全管理部门进行会审。在施工过程中严格执行经过审批的施工方案。

（4）作业中涉及二次回路工作，需执行二次回路安全技术措施，填写使用《二次回路工作安全技术措施单》，该控制表单由工作负责人编制，项目技术负责人负责审查。

（5）已投运的变电站作业需按电业安全工作规程要求执行工作票制度，停电作业执行《第一种工作票》，不停电作业执行《第二种工作票》，作业前提前准备工作票。

（6）作业单位按作业类型选用适用的作业指导书及记录表。

（三）人员、材料、工器具管理

（1）作业单位应安排充足、适当的作业人员，作业人员应具有相应的资质并经作业责任单位备案。

（2）外包作业开展前，作业责任单位应对作业单位进行总体安全技术交底（第一级），生产运行部门在工作票许可前应对工作负责人进行开工安全技术交底（第二级），作业单位每日开工前由工作负责人对工作班成员进行安全技术交底（第三级）。

（3）月度作业计划中应明确作业负责人和监督人。

（4）作业单位在作业前应根据作业内容对作业人员开展作业指导书培训。

（5）作业单位应具有满足作业所必需的工器具、材料。

（6）作业单位应具有满足作业所必需的、检验合格的安全工器具。

四、变电站自动化系统运维作业实施

（1）作业单位应严格按照作业计划开展作业，已列入月度计划的作业内容、时间、管控层级等应与作业计划一致。

（2）作业单位现场使用的作业文件应与作业计划清单所列作业文件一致，现场作业严格按照作业文件执行。

（3）作业单位应严格按作业分级管理，按作业计划中明确的管控层级及管控方式开展作业过程控制管理；现场所采取的管控措施应得当、有效，并严格执行。作业人员现场作业行为应规范，不得存在违规、违章现象。

（4）针对外包作业，作业责任单位、作业单位应督促外单位严格执行现场作业风险管控措施。

（5）作业监督部门应制定现场监督计划，并按计划开展现场检查。监督工作要关注安全生产工作的全过程，分层、分级围绕“事前、事中、事后”三个环节开展监督检查，监督“事前”是否进行危害辨识、风险评估、制定对应控制措施；“事中”是否执行风险控制措施和安全规章制度；“事后”是否对控制措施进行回顾与总结、持续改进执行中存在的问题。

（6）作业结束后（包括阶段性作业结束）工作负责人应组织作业组成员进行自检和整改。对于改造和其他类作业、特殊重大的检修试验作业，作业单位（项目责任单位）应组织复检。验收需全面满足各设备及作业的技术规范要求。

五、变电站自动化系统运维作业回顾

（一）作业文件闭环

作业单位作业完成后，应完善作业文件的各项内容填写，并收集、统一存档，有相关管理系统的单位还应完成相关系统作业记录的回传和闭环。

（二）作业统计、分析

作业单位应定期对本单位各班组已开展的全部作业活动进行统计、评估与改进，统计和评估应保证客观、真实，按照查找问题、不断完善的原则进行，鼓励员工及管理人员真实反映实际情况。

（1）作业结束后作业负责人应在周安全日上对作业进行回顾，包括作业过程中发现的设备问题及处理情况、需补充或完善的风险数据和对作业指导书的修改建议，并将情况报班组。

（2）班组应及时补充完善作业风险数据，将设备遗留问题、作业指导书的修改建议和需上级管控的风险按相关规定上报。

(3) 作业单位每月结合作业计划执行情况、现场监督检查结果、班组上报情况对上月的作业活动进行统计和评估，分析作业流程、作业文件存在的问题，作业风险变化的原因，临时作业原因，跟踪设备遗留缺陷的处理情况。在部门安全生产分析会或专题会议上向班组反馈作业质量改进意见、风险数据补充完善情况、新增风险控制措施［消除/终止、替代、转移、工程(改造、修理等)、隔离、管理(改变程序、检查、保养及培训等)、个人防护］。将作业指导书的修改建议和需上级管控的风险上报，提出相关技能培训需求。

(4) 作业管理单位每月结合作业计划执行情况、现场监督检查结果、生产单位上报情况对作业活动进行统计和评估，提出改进措施；对因管理原因造成作业文件不符合现场实际，危及人身、电网和设备安全的情况进行分析和考核；并根据作业统计和评估情况，跟踪改进措施落实情况，定期或不定期明确提出各项作业的分级管理要求、过程控制要求及作业文件配置、选用要求，并定期或不定期开展技能培训，以提高作业的标准化、规范化程度，提升作业风险管理的效率。

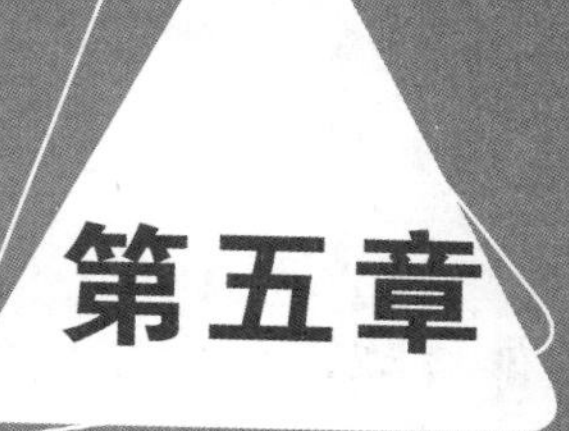

第五章 变电站自动化系统设备及运维事件事故应急处置

变电站自动化系统设备及运维事件事故应急处置是通过采取一系列必要措施，应用科学、技术、规划与管理等手段，减少变电站自动化系统因设备、网络安全、运维作业事件事故造成的人员伤亡和财产损失。本章将结合上述章节分析的变电站自动化系统设备、网络安全、作业中存在的危害因素，对可能引发的事件事故开展应急分析，给出应急处置策略。

第一节 变电站自动化系统设备事件应急处置

变电站自动化系统设备事件应急处置实行预防为主、预防与应急相结合的原则。各运行维护单位按生产设备应急管理规定的要求，结合变电站电压等级、监控层级、设备配置等实际情况，针对事件的具体表征，拟定处理措施，尽可能地减少损失，建立具体、可行的变电站自动化系统设备现场应急处置方案。

一、变电站自动化系统运维设备事件分级

变电站自动化系统设备事件分级可参照《信息安全技术 信息安全事件分类分级指南》(GB/Z 20986—2007)，根据变电站自动化系统事件可能引发的损失，将变电站自动化系统设备事件分为特别重大事件（Ⅰ级)、重大事件（Ⅱ级)、较大事件（Ⅲ级）和一般事件（Ⅳ级)。

（一）特别重大事件

(1) 220kV 及以上变电站自动化系统设备硬件或软件故障，引发变电站业务与主站通信中断超过 8 小时或电力设备误调误控。

(2) 两个以上 110kV 厂站自动化系统设备硬件或软件故障，引发与主站业务通信中断超过 8 小时或电力设备误调误控。

（二）重大事件

（1）220kV及以上变电站自动化系统设备硬件或软件故障，引发变电站业务与主站通信中断超过4小时或电力设备误调。

（2）220kV及以上变电站自动化系统设备硬件或软件故障，导致监视、控制业务无法正常运作。

（3）110kV变电站自动化系统设备硬件或软件故障，引发变电站业务与主站通信中断超过24小时或电力设备误调控。

（三）较大事件

（1）110kV变电站自动化系统设备硬件或软件故障，导致监视、控制业务无法正常运作超过24小时。

（2）35kV及以下电压等级变电站自动化系统设备硬件或软件故障，引发变电站业务与主站通信中断超过24小时或电力设备误调控导致用户停电。

（四）一般事件

35kV及以下电压等级变电站自动化系统设备硬件或软件故障，导致监视、控制业务无法正常运作超过24小时。

二、变电站自动化系统设备事件应急处置管理

（一）应急处置方案管理

变电站运维单位应根据变电站自动化系统设备事件特点，组织制定并不断完善设备事件应急处置方案。

应急处置方案的制定应以控制事件的影响范围，尽量减少事件造成的损失，尽快恢复系统运行为目标，以及事件处理的正确、及时、有效为原则，服从运维单位设备事件整体应急预案，并与变电站其余一次、二次设备应急处置和网络安全应急处置方案相衔接。变电站运维单位应至少每半年组织维护人员对变电站自动化系统设备事件应急处置方案进行一次演练和学习，并根据现场设备的变化情况及时修订应急预案及应急处置方案。

（二）应急人员及物资管理

变电站运维单位应建立变电站自动化系统专业应急队伍，明确责任，实行24小时候班制度。值班应根据节假日、上级单位和政府部分的安全预警、国家和地区政府重大事项的保供电方案等情况进行灵活调整。

变电站运维单位应根据变电站自动化系统设备配置实际情况，储备应急所需的备品备件（主要包括关键设备板卡、主机、网络设备及相关运维材料等）。备品备件需定位摆放，做好台账信息、出入库管理、定期检查、维护、及时补充等工作。

三、变电站自动化系统设备事件应急处置

相关人员发现变电站自动化系统设备事件时，应第一时间向变电运维部门、调度中心报告，运维人员启动相关现场处置方案，在事件影响范围有扩大趋势时，由调度机构向有关单位发出联合防护应急警报，部署安全应急措施，以防止事件扩大。同时应注意保护现场，以便进行调查取证和分析。

（一）变电站自动化系统设备断电恢复应急处置

当变电站自动化系统设备因电源系统故障断电后，运维人员应快速恢复站内监控及与调度端的通信，恢复远方监控。变电站自动化系统设备断电恢复事件处置流程见表5-1。

表5-1　变电站自动化系统设备断电恢复事件处置流程

序号	工作内容
1	确认直流系统或UPS供电恢复正常，设备电源供电正常
2	恢复主控室和通信机房照明
3	恢复主控室测控、保护、网络等设备： （1）检查所有保护、测控、远动、交换机、规约转换器、对时等设备已正常带电启动，无异常告警。 （2）检查主控室监控后台机、五防系统主机电源正常，启动主机，启动监控后台程序、五防主程序
4	检查系统功能： （1）人机界面。抽查部分间隔分图画面、负荷表、网络通信表等画面，确认图形显示正常、画面上的实时数据正常刷新、拓扑着色功能正常等。 （2）告警功能。观察告警窗、间隔光字牌图画面，必要时模拟遥测数值、遥信变位，确认告警功能正常。 （3）数据存储。查看供电负荷的今日曲线、今日报警事件，确认历史数据的访问、存储正常

续表

序号	工作内容
5	恢复通信机房设备： （1）实时交换机、非实时交换机。 （2）网络安全设备纵向防火墙，横向防火墙，纵向加密装置。 （3）站内调度数据网路由器。 （4）2M专线路由器
6	检查系统功能： （1）检查远动装置与各级调度、备调通道状态。 （2）检查远动与调度通道报文收发是否正常，检查通道数据质量。 （3）检查对下接入情况
7	汇报各级调度，与各级调度核对站内数据、站内设备状态、“四遥”信息

（二）变电站自动化系统与调度业务中断应急处置

当变电站自动化系统与调度业务中断时，运维人员应迅速查找原因，尽快恢复系统正常运行。变电站自动化系统与调度业务中断应急处置流程见表5-2。

表5-2　变电站自动化系统与调度业务中断应急处置流程

序号	工作内容
1	通信中断后，主站与变电站端互相使用ping命令，进行测试
2	主站能ping通网关、不能ping通业务地址，查看业务终端主机运行有无异常，查看业务中断程序进程是否启动，配置文件是否正确，必要时重启终端
3	主站ping不通站内业务网关。检查纵向防火墙、纵向加密装置运行有无异常、配置是否正确，加密通道、加密策略配置是否正常，防火墙策略是否正确。查看交换机、路由器状态：查看交换机连接状态、显示灯状态、端口显示灯状态。熟悉交换机维护的人员也可登录交换机进行查看，但不允许修改配置；必要时重启或更换交换机、路由器、防火墙及纵向加密装置
4	业务中部分数据异常，检查站内站控层交换机、网线、装置运行情况。通过监控后台机对站控层设备进行ping命令测试。必要时重启、更换交换机
5	若是串口通道故障，检查远动装置串口板及通道： （1）采用环回通道的方式判断通道是否正常，不能环通需协调通信维护人员处理。 （2）若通道正常，采用自环的方式进行检测，判断故障点。 （3）远动装置不正常，重启远动装置，或更换备用串口及串口插件

续表

序号	工　作　内　容
6	若是2M通道故障，通过console口登录2M路由器进行检查： （1）登录2M路由器，输入用户名及密码。 （2）用ping命令测试站端地址，检测网络链路是否正常，链路正常，应排查路由器进程规约问题，必要时重启2M路由器、重新配置或更换插件等。 （3）查看相关配置，端口、静态路由、Vlan等配置是否异常。 （4）查看2M路由器端口指示灯，查看BNC头连接是否有松动。 （5）若网络链路不正常，联系通信维护人员进行故障排查
7	若是调度数据网通道中断故障，按以下步骤排查： （1）用ping命令测试站端地址，检测网络链路是否正常。 （2）若网络链路不正常，联系通信维护人员进行故障排查。 （3）链路正常，检查二次安防策略配置，交换机静态路由配置。 （4）使用tracert命令查看链路路由，判断引起网络中断的设备
8	对220kV及以上的变电站，业务通道全部中断超过4小时必须恢复有人值班；对110kV及以下的变电站，业务通道全部中断超过8小时必须恢复有人值班

（三）变电站自动化系统所有设备工况退出应急处置

当变电站自动化系统所有设备工况退出时，运维人员迅速查找原因，尽快恢复系统正常运行。变电站自动化系统所有设备工况退出应急处置流程见表5-3。

表5-3　　变电站自动化系统所有设备工况退出应急处置流程

序号	工　作　内　容
1	查看站控层交换机状态：查看交换机连接状态、显示灯状态、端口显示灯状态。熟悉交换机维护的人员也可登录交换机进行查看，但不允许修改配置
2	用ping命令测试在该网络运行的设备通断情况
3	掉电重启设备，检查是否能恢复正常运行
4	用备件更换交换机
5	检查网络是否恢复通信
6	依次重启各服务器进程
7	检查各项系统功能

第二节 变电站自动化系统网络安全事件应急处置

变电站自动化系统网络安全事件应急处置实行预防为主、预防与应急相结合的原则，按各运维单位电力监控系统网络安全应急管理规定的要求，结合变电站自动化系统监控权限、变电站重要程度等实际情况，针对事故的具体表征，拟定处理措施，尽可能地减少损失，建立具体、可行的变电站自动化系统网络安全事件应急处置方案。

一、变电站自动化系统网络安全事件等级分析

变电站自动化系统网络安全事件可分为有害程序事件、网络攻击事件、信息破坏事件、设备操控被控制和其他信息内容安全事件等五类。

（一）系统损失定级

系统损失是指由于变电站自动化系统网络安全事件对网络与调度通信系统的软硬件、功能及数据的破坏，导致系统业务中断，从而给设备和电网造成损失，其大小主要考虑恢复系统正常运行和消除安全事件负面影响所需付出的代价。系统受损程度分级定义见表5-4。

表5-4 系统受损程度分级定义表

信息系统受损程度分级	定义
特别严重损失	220kV及以上变电站或两座以上110kV变电站系统主机失去业务处理能力，关键数据被窃取或篡改，系统应用或服务器被恶意人员或程序控制导致站内设备受非法控制，业务长时间与调度通信中断导致业务数据丢失
严重损失	110kV以上变电站站内业务长时间中断，系统应用或服务器设备已被恶意人员或程序完全控制
一般损失	110kV以上变电站部分业务中断或系统应用或服务器、设备能够被恶意人员或程序完全控制
轻微损失	110kV以下变电站系统业务处理能力下降，单通道中断或系统应用或服务器、设备有被恶意人员或程序完全控制的可能性

（二）事件定级

变电运维单位可根据网络安全事件对变电站自动化系统的影响后果，将

变电站自动化系统网络安全事件由高到低分为：特别重大事件（Ⅰ级）、重大事件（Ⅱ级）、较大事件（Ⅲ级）、一般事件（Ⅳ级）、轻微事件（Ⅴ级）。

1. 特别重大事件

特别重大事件指能够导致特别严重影响或破坏的网络安全事件，有下列情形之一的，可定为变电站自动化系统特别重大网络安全事件：

（1）220kV及以上变电站特别重要的信息系统遭受特别严重的系统损失。

（2）220kV及以上变电站因网络安全导致站内一次设备不可控，受攻击人员或程序非法控制导致站内失压，网络堵塞或瘫痪、监控系统失灵、监控系统误调误控，站内通信业务与调度全部中断（超过运行指标）。

（3）病毒、蠕虫、木马等不安全程序通过110kV及以上变电站网络感染电力监控系统，导致电力监控系统严重受损或导致电网大面积停电。

2. 重大事件

重大事件指能够导致严重影响或破坏的网络安全事件，有下列情形之一的，可定为变电站自动化系统重大网络安全事件。

（1）220kV及以上变电站特别重要的信息系统遭受严重的系统损失。

（2）220kV及以上变电站因网络安全导致站内部分一次设备不可控，受攻击人员或程序非法控制导致断路器非预期停运，站内通信业务与调度部分中断（超过运行指标）。

（3）病毒、蠕虫、木马等不安全程序通过110kV及以上变电站网络感染电力监控系统，导致电力监控系统受损，进而引起电力事故，引发大面积停电。

（4）110kV及以上变电站因网络安全导致站内全部一次设备不可控，受攻击人员或程序非法控制导致站内失压、用户停电，站内通信业务与调度全部中断（超过运行指标）。

3. 较大事件

较大事件指能够导致较严重影响或破坏的网络安全事件，有下列情形之一的，可定为较大信息安全事件。

（1）110kV变电站重要信息系统遭受系统损失。

（2）110kV及以上变电站因网络安全导致站内部分一次设备不可控，受攻击人员或程序非法控制导致断路器非预期停运，站内通信业务与调度部分中断（超过运行指标）。

（3）病毒、蠕虫、木马等不安全程序通过110kV及以上变电站网络感染电力监控系统，未导致电力监控系统受损。

（4）110kV及以上使变电站因网络安全导致站内部分一次设备不可控，受攻击人员或程序非法控制导致部分设备非预期停运，站内通信业务与调度部分中断（超过运行指标）。

（5）35kV变电站因网络安全导致站内全部一次设备不可控，受攻击人员或程序非法控制导致站内失压、用户停电，站内通信业务与调度全部中断（超过运行指标）。

（6）110kV及以上变电站监控后台系统因病毒、木马病毒导致监控后台机全部失效。

4. 一般事件

一般事件指未达到以上条件的信息安全事件，有下列情形之一的，可定为一般信息安全事件：

（1）35kV变电站因网络安全导致站内部分一次设备不可控，受攻击人员或程序非法控制导致部分一次设备非预期停运、部分用户停电，站内通信业务与调度部分中断（超过运行指标）。

（2）110kV及以上变电站监控后台系统因病毒、木马病毒导致监控后台机部分失效。

（3）35kV及以上变电站监控后台系统因病毒、木马病毒导致监控后台机全部功能失效。

二、应急管理

变电运维单位根据变电站自动化系统网络安全风险点，组织制定并不断完善本单位变电站自动化系统网络安全应急预案及应急处置方案；建立健全变电站自动化系统的网络安全突发事件应急工作机制，明确系统的应急处置流程，有效预防、及时控制和最大限度地消除各类变电站自动化系统网络安全突发事件的危害和影响；根据国家有关法律、法规、行业标准、企业内部的相关规定，结合实际制订适用于本单位的应急预案。应急预案应明确成立变电站自动化系统网络信息安全应急小组，明确启动应急预案的条件、应急处理流程、系统恢复流程、事后教育和培训等，并定期对应急预案进行评审。

应急预案和应急处置方案的制定应以控制事件的影响范围，尽量减少事件造成的损失，尽快恢复系统运行为最低目标，以及事件处理的正确、及时、有效为原则。

变电站自动化系统网络安全事件应急预案和应急处置方案应与相应调度机构电力监控系统网络安全应急预案和应急处置方案衔接。运维部门应根据电力监控系统建设、改造情况，及时修订应急预案及应急处置方案。

（1）应急管理变电站运维单位落实和完善安全事件报告及处置管理流程，重点完成以下工作：

1）变电站运维单位应该落实和完善监控系统信息安全事件报告及处置流程，根据所发生监控系统信息安全事件的级别，细化不同安全事件的处理及报告的程序。

2）变电站运维单位应成立变电站自动化系统网络安全应急小组，制定系统网络安全应急预案，明确启动应急预案的条件、应急处理流程、系统恢复流程、事后教育和培训等，并定期对应急预案进行评审和修编。

3）变电站运维单位应定期对系统运维人员及相关人员进行应急培训，定期对进行应急预案演练，形成记录文档。

4）系统运维部门定期对系统备份数据可用性进行测试，形成测试报告。

（2）应急演练管理。变电运维部门应定期联合检修、调度、通信、信息安全等部门组织开展变电站自动化系统网络安全应急预案培训和演练，使相关人员都明确应担负的职责，熟练掌握预案流程及其操作环节，并从演练中完善预案的合理性、科学性。

重大及以上网络安全事件的应急演练每年至少开展1次。较大网络安全事件、一般网络安全事件、轻微网络安全事件的应急演练以及数据级灾备应急演练、应用级灾备应急演练由各单位根据实际情况常态化开展。

应急预案演练时应确保不影响电力监控系统的安全稳定连续运行。

（3）安全预警管理。单位应急指挥小组根据本单位情况发布本单位预警，并上报上级主管部门备案。网络安全预警监测与分析、预警发布、预警行动、预警调整、预警解除等按照变电站自动化系统网络安全应急预案有关要求执行，在应急指挥小组的组织下开展。

（4）应急响应管理。网络安全应急响应分级、先期处置、初始信息报告、响应发布、响应行动、响应调整、响应结束和总结按照变电站自动化系统网络安全应急预案有关要求执行，在单位应急指挥小组的组织下开展。在应急响应过程中，应注意现场及原始证据的保护，同时按照相关应急预案要求，采取手工记录、截屏、文件备份和影像设备记录等多种手段，对应急处理的步骤和结果进行详细记录。

（5）事件上报管理。事发变电站在一般及以上级别网络安全事件发生后应立即口头汇报至主管部门和相关业务部门，变电站自动化系统相关网络安全事件应按调度管辖要求报送调度、网络安全、系统运行部门，紧急情况下可越级上报。安全事件报告应及时、准确、完整，任何部门和个人对事件不得迟报、漏报、谎报或者瞒报。即时报告后事件出现新情况的，应当及时补报。

（6）应急人员管理。变电运维单位应建立变电站自动化系统专业应急队伍，明确责任，并将责任落实到人。加强各部门、各分子公司间的协调与配合，形成合力，共同做好应急处置工作。

建立健全队伍名单，成立应急队伍专家库，加强应急队伍的建设和管理，保障资金投入，配备必要的装备，并定期开展应急处置培训、应急演练、自动化与网络安全技术培训，提升应急队伍技术技能水平，确保应急队伍处于良好状态。

应急队伍应建立值班和候班制，实行 24 小时候班制度，值班电话应保持 24 小时畅通。值班应根据节假日、上级单位和政府部分的安全预警、国家和地区政府重大事项的保供电方案等情况进行灵活调整。

三、应急处置

（一）变电站自动化系统运监控后台系统感染病毒

当变电站自动化系统监控后台系统感染病毒导致后台机运行异常或失去监控功能时，应立即断开监控后台机网线，将中毒电脑从自动化系统中隔离，相关应急处置流程见表 5－5。

表 5-5　变电站自动化系统运监控后台系统感染病毒应急处置流程

序号	工　作　内　容
1	确认监控后台机后台因病毒运行异常或死机对变电站系统失去监控功能
2	断开监控后台机所有网线，防止病毒感染站内局域网
3	通过技术手段，将后台机重要资料、数据备份杀毒。确认电脑能否通过杀毒等方式恢复正常，清理病毒文件和程序
4	对于无法查杀的顽固病毒，将重装监控后台机操作系统，重装监控后台软件
5	关闭监控后台机高危端口；更换不易感染病毒的 Linux 操作系统；使用专用 U 盘或通过网络方式连接后台电脑，防止通过移动存储设备感染病毒；将监控后台机物理端口通过技术和管理手段关闭

（二）变电站自动化系统站控层局域网感染病毒导致系统业务中断

当发现变电站自动化系统发生大面积通信中断或业务数据出现阻塞、通道数据流量异常增高、通道数据乱码等现象时，确认是变电站站控层局域网感染病毒以后，及时上报调度，经调度同意后将站内所有至调度的通道断开，确保病毒不影响电力监控网络，相关应急处置流程见表 5-6。

表 5-6　变电站自动化系统站控层局域网感染病毒导致系统业务中断应急处置流程

序号	工　作　内　容
1	确认变电站自动化系统站控层网络中毒或遭受网络攻击，系统大面积异常或瘫痪
2	上报调度，申请将站内至调度所有通道断开，防止病毒向电力监控系统传播
3	（1）对测控装置：退出断路器、隔离开关遥控硬压板，断开网线。 （2）对保护装置：断开正常运行的保护装置网线，退出异常运行的保护装置所有出口压板，同时断开网线；防止因局域网受病毒影响导致一次设备非预期跳闸或合闸
4	启动应急预案，变电站恢复有人值班，加强对站内设备的巡视
5	组织应急队伍和技术专家队伍，对站内网络设备（交换机、路由器、防火墙等）进行检查，对站内保护装置保护功能、测控装置“四遥”功能、安自装置功能等与局域网连接的二次设备进行检修试验，发现异常及时处理，不能修复的设备进行更换，确保每台接入站内局域网设备都无毒且正常
6	恢复站内局域网，二次设备逐一接入，观察无异常后再接入下一台

（三）电力监控网络受网络攻击或病毒感染导致站内设备误动

当电力监控系统遭受网络攻击或者感染病毒，引起站内断路器设备误动、二次设备运行异常、通信中断时，应立即中断与电力监控系统的所有连接，变电站恢复有人值班，对站内设备进行全面检查和试验，确保站内局域网及设备不再受影响，相关应急处置流程见表 5-7。

表 5-7　　电力监控网络受网络攻击或病毒感染导致站内设备误动应急处置流程

序号	工　作　内　容
1	接上级部门通知电力监控系统遭受网络攻击或病毒感染
2	上报调度，申请将站内至调度的所有通道断开，防止病毒向变电站内传播或遭受攻击
3	若变电站已受病毒影响或遭受攻击： 对测控装置，退出断路器、隔离开关遥控硬压板，断开网线。 对保护装置，断开正常运行的保护装置网线；退出异常运行的保护装置所有出口压板，同时断开网线；防止因局域网受病毒影响导致一次设备非预期跳闸或合闸
4	启动应急预案，变电站恢复有人值班，加强对站内设备的巡视
5	组织应急队伍和技术专家队伍，对站内网络设备（交换机、路由器、防火墙等）进行检查，对站内保护装置保护功能、测控装置“四遥”功能、安自装置功能等与局域网连接的二次设备进行检修试验，发现异常及时处理，不能修复的设备进行更换，确保每台接入站内局域网设备都无毒且正常
6	恢复站内局域网，二次设备逐一接入，观察无异常后再接入下一台

第三节　变电站自动化系统运维作业人身事故应急处置

变电站自动化系统运维作业可能导致设备、网络事件、人身事故的发生，设备、网络事件应急处置已在前面章节表述，本节着重阐述运维作业中人身事故的应急处置。

为提高变电站自动化系统运维作业人身事故的处置能力，确保在发生人身事故时能够快速有序地组织开展应急处置工作，最大限度地减少人员伤亡及其造成的损害和影响，变电站运维单位应编制变电站自动化系统运维人身事故应急处置方案。

一、人身事故分级

根据国家《生产安全事故报告和调查处理条例》规定，生产安全事故造成的人身伤亡事故，一般可划分为特别重大、重大、较大、一般四个级别。安全生产造成的人身伤亡事故等级划分见表 5-8。

表 5-8　　安全生产造成的人身伤亡事故等级划分

事故级别	安全生产导致的人身伤亡	
	已死亡或失踪人数 N/人	已重伤人数 M/人
特别重大	$N \geqslant 30$	$M \geqslant 100$
重大	$10 \leqslant N < 30$	$50 \leqslant M < 100$

续表

事故级别	安全生产导致的人身伤亡	
	已死亡或失踪人数 N/人	已重伤人数 M/人
较大	$3 \leqslant N < 10$	$10 \leqslant M < 50$
一般	$N < 3$	$M < 10$

不同的事故级别，应急响应的单位层级不同，应急响应层级按国家应急响应规定执行。

二、人身事故应急处置工作原则

（一）以人为本，全力抢救

人身事故发生后，各级要全力抢救，采取一切可能的措施，确保每一名受困人员或伤员的生命，同时做好救援人员的安全防护工作。

（二）统一指挥，快速行动

在应急指挥机构的统一指挥、调配下，各应急力量快速就位，按照预案规定的应急任务和应急职责，快速地开展人身事故应急处置行动。

（三）管控现场，有序疏散

在事故现场设定管制范围，限制无关人员、车辆进入，有序疏散管制范围内的无关人员，防止无关人员干扰应急救援行动或在事态扩大时受到伤害。

（四）全面分析，科学施救

通过对事态的全面分析，制定科学、可行的救援方案，按照救援方案科学施救，使受困人员快速脱离险境、受伤人员快速接受救治，确保救援行动成功。

（五）加强监测，确保安全

在应急处置过程中，必须对事故的发展态势及影响进行动态监测，防止事态的突然变化导致应急人员受到伤害或受困人员受到二次伤害。

三、应急资源分析

供电企业内部应急力量主要包括：安全监管部、办公室、工会、事故发生现场工作人员及事故单位相关人员等。

外部应急力量主要有120急救中心、医院、红十字会、市政府，上级单位应急力量，以及其他可用的外部资源。

四、变电站自动化系统运维作业人身事故应急处置方案

变电站自动化系统运维人身事故应急处置方案中需明确事故发生时应急启动机制、汇报流程、联系方式、触电急救、外伤急救的操作流程及注意事项等内容。地市级供电局自动化维护部门现场处置方案示例见表5-9。

表5-9　　地市级供电局自动化维护部门现场处置方案示例

角色	条件	行　动	注　意
所有人	发生人身事故时	（1）现场施救。 （2）口头报告。 1）人身轻伤及以上事件发生后，事发现场负责人应立即通过电话、手机短信等方式向部门主任口头报告，情况紧急时，可越级报告。 2）部门主任接报后，应立即向局安全监察部口头报告。 3）根据伤情，拨打120急救电话。 （3）人身事故初始信息。 1）事故的类型、发生时间、发生地点。 2）事故的原因、性质、范围、经初步判断的严重程度。 3）事故对人身、电网、设备运行的影响程度。 4）已采取的控制措施及其他应对措施。 5）报告单位、联系人员及联系方式等。 急救电话：120	1. 救援救护注意事项 （1）注意现场安全，重视“先脱险再救人”。 （2）从正面接近伤病员，表明身份，安慰伤病员，说明将采取的救护措施。 （3）避免盲目移动伤者，防止再次损伤。 （4）除非必要，不要给伤病员任何饮食或药物。 （5）注意保护警方需要的现场证物。 （6）及时报告有关部门，寻求援助。 2. 救援救护处理步骤 （1）观察环境安全。注意观察周围是否有裸露的电线，是否可能有倒塌物、坠落物，是否存在交通安全隐患，以及是否处于易跌落的位置等可能导致伤病者、救护者再次伤害或妨碍现场救护的因素。 （2）观察事件起因。是否有触电的痕迹、是否有相撞的车辆等。事发现场的线索可以帮助判断事件的起因。 （3）观察受伤人数。突发意外可能出现群伤或群体性发病，应在事件波及的范围内判断现场伤病者的数目。 （4）基本检查。迅速对伤病员进行以下基本检查： 1）清醒程度。 2）气道是否通畅。 3）有无呼吸。 4）有无颈动脉搏动。 5）有无大出血。 6）受伤部位及状况。 （5）寻求帮助。高声呼救，请协助者拨打120急救电话并协助抢救。及时报告单位领导或有关部门。 （6）初步处理。采取初步的救护措施。 （7）详细检查。在严重的伤病情况已经处理、病情基本稳定而急救人员未到达时，应进行详细的全身检查，继续找出需要治疗的伤情或病情，注意有无疼痛、出血、肿胀、意识障碍及其他异常情况。 （8）送往医院。经现场治疗后，尽快将伤病者送到医院

续表

角色	条件	行　　动	注　　意
启动权限人员	收到有关信息时	根据具体情况，启动人身事故处置预案	组织施救和信息报送
班组负责人或现场最高职务者	人身事故发生时	将事故人员撤离安全地带，进行现场第一时间的应对和处置。在现场处置的同时拨打120急救电话	冷静，方法得当，同时保证自身安全，避免事故扩大
负责人或专责	收到有关信息时	指挥开展救治工作，联系附近医院、消防等部门，并向上级部门汇报	(1) 组织开展人员救护工作，联系附近医院，报送将伤者信息，做好人员抢救工作。 (2) 汇报相关部门和领导
应急总指挥、副总指挥	人员撤离或送达医院	下令解除响应或采取进一步应急措施	根据实时信息判断决策

附　　则			
培训要求	各部门负责组织，每年进行两次本处置方案培训	演练要求	每年进行一次紧急演练和紧急救护（包括人工呼吸、外伤急救等）演练
备案要求	预案由地市级供电企业应急指挥中心办公室备案	更新要求	所辖部门管理组负责对本预案每年进行一次评审和修订

实际处置方案编制中，在上述处置流程后面，应附一些人员急救的处置流程和方法，以方便现场使用。

参 考 文 献

[1] 中国南方电网有限责任公司. 安全生产风险管理体系 [M]. 北京：中国电力出版社，2017.

[2] 中国南方电网有限责任公司. 电业安全工作规程：Q/CSG 510001—2005 [S]. 北京：中国电力出版社，2017.

[3] 覃剑. 智能变电站技术与实践 [M]. 北京：中国电力出版社，2012.

[4] 胡文堂. 输变电设备风险评估与检修策略优化 [M]. 北京：中国电力出版社，2011.

[5] 张春辉. 调度自动化主站系统运行维护 [M]. 北京：中国水利水电出版社，2017.

[6] 徐爱国. 信息安全管理 [M]. 2版. 北京：北京邮电大学出版社，2011.

[7] 田淑珍. 变电站综合自动化与智能变电站应用技术 [M]. 北京：机械工业出版社，2018.

[8] 王顺江. 电力自动化通信规约精解 [M]. 沈阳：东北大学出版社，2014.